THE CRAWLING HACK

クローリング
ハック

竹添直樹
島本多可子
田所駿佑
萩野貴拓
川上桃子
著

本書内容に関するお問い合わせについて

このたびは翔泳社の書籍をお買い上げいただき、誠にありがとうございます。弊社では、読者の皆様からのお問い合わせに適切に対応させていただくため、以下のガイドラインへのご協力をお願い致しております。下記項目をお読みいただき、手順に従ってお問い合わせください。

●ご質問される前に

弊社Webサイトの「正誤表」をご参照ください。これまでに判明した正誤や追加情報を掲載しています。

　　正誤表　　http://www.shoeisha.co.jp/book/errata/

●ご質問方法

弊社Webサイトの「刊行物Q&A」をご利用ください。

　　刊行物Q&A　　http://www.shoeisha.co.jp/book/qa/

インターネットをご利用でない場合は、FAXまたは郵便にて、下記"翔泳社 愛読者サービスセンター"までお問い合わせください。
電話でのご質問は、お受けしておりません。

●回答について

回答は、ご質問いただいた手段によってご返事申し上げます。ご質問の内容によっては、回答に数日ないしはそれ以上の期間を要する場合があります。

●ご質問に際してのご注意

本書の対象を越えるもの、記述個所を特定されないもの、また読者固有の環境に起因するご質問等にはお答えできませんので、予めご了承ください。

●郵便物送付先およびFAX番号

　　送付先住所　　〒160-0006　東京都新宿区舟町5
　　FAX番号　　　03-5362-3818
　　宛先　　　　　（株）翔泳社 愛読者サービスセンター

※本書に記載されたURL等は予告なく変更される場合があります。
※本書の出版にあたっては正確な記述につとめましたが、著者や出版社などのいずれも、本書の内容に対してなんらかの保証をするものではなく、内容やサンプルに基づくいかなる運用結果に関してもいっさいの責任を負いません。
※本書に掲載されているサンプルプログラムやスクリプト、および実行結果を記した画面イメージなどは、特定の設定に基づいた環境にて再現される一例です。

※本書に記載されている会社名、製品名はそれぞれ各社の商標および登録商標です。

はじめに

　インターネットは、その普及とともにそれまで私たちがオフラインで行っていた様々な物事を代替してきました。そして、それに伴って様々な情報がインターネットに集まるようになりました。現在なにか情報を探そうと思ったとき、多くの人がまずはじめにインターネットを利用するのではないでしょうか。インターネットは情報の宝庫といえます。Webクローラーはインターネットに蓄積されているこれらの情報を収集し、データとして活用できるようにするためのものです。

　Webクローラーを運用していると様々なWebサイトに出会います。異常に重いサイト、文字化けするサイト、データとして扱いづらい形式のHTMLであったり、HTTPの仕様に従っていないという場合もあります。認証がかかっていたり、Ajaxを活用しているためにクロールが難しい場合もあります。

　このようなことが起こるのはWebサイト側に問題がある場合もありますが、だからといってそのWebサイトに掲載されている情報に価値がないかといえばそんなことはありません。こういったWebサイトに掲載されている情報でも、いったんクロールし、データ化できれば、その後は様々な用途に活用できるのです。そして、そのためにはHTTPやHTMLを始めとするWeb技術に対する正しい理解が必要です。なにが正しいのかわからなければ、イレギュラーな状況にどう対処するべきかを判断することができないからです。

　また、Webクローラーは情報を提供してくださるWebサイトが存在してこそ成り立つものです。クロールによって対象のWebサイトに迷惑をかけてしまうようなことは避けなくてはなりません。一方で、膨大な情報を掲載しているWebサイトの場合、どのように効率的にクロールするかも考える必要があります。長期的な関係性のためには正しい理解を持ち、ルールに従って正しくクロールすることが必要なのです。

　本書では、筆者らが実際に出会ったWebサイトの事例も交えながら、様々なWebサイトをクロールするためのテクニックを紹介すると同時に、そのために必要となるWeb技術について解説していきます。クロールのテクニックだけでなく、Web技術に対する正しい理解の一助となれば幸いです。

竹添直樹、島本多可子、田所駿佑、萩野貴拓、川上桃子

本書の使い方

■ 対象読者

本書はWebクローラーを題材としていますが、クローリングのために必要なWeb技術の解説に重点を置いており、主に次のような方々に読んでいただけるよう執筆しました。

- 正しい知識を身につけたいWeb開発者
- クローラビリティの高いWebサイトを作成したいWebサイト運営者

また、HTMLやCSSなど、Webサイトの作成に関わる最低限の知識、およびサンプルコードを読解するためのプログラミングに関する基礎知識を前提としています。サンプルコードはJavaで記述していますが、Java固有のセマンティクスやプログラミングテクニックは可能な限り避けていますので、Javaに対する深い理解は必要ありません。

■ 本書の特徴

Webアプリケーション、Webサービスを開発・運用するエンジニアは、HTML/HTTPやWebサーバなどWeb技術の仕組みや基礎的な知識をおさえておかなければなりません。

実サービスでの大規模なWebクローラーの開発・運用を行う著者陣が、その経験をもとに、クローラーを支える、HTTP、文字コード、HTML、認証、Ajax/JSONなど、Webエンジニアがおさえておくべき基本やポイントを解説します。クローラーから見たWebサイトの仕組みとその実情に加えて、現実に即した実践的かつ効率的なクローリングの方法論についても解説します。

- 実例をもとにHTTPやHTMLなどWebの仕組みを深く知ることができる
- 大規模なクローラーの開発・運用ノウハウを知ることができる
- Webサイトの運営者(クロールされる側)もクローラーに関する知見を得ることができる

■ 本書の構成

Chapter 1　クローラーを支える技術

そもそもクローラーとはなんなのか、留意すべき点や課題、Javaでの簡単な実装例、そしてクローラー開発をサポートするライブラリやツールを紹介します。また、簡単な用途であればわざわざプログラムを記述しなくても利用できるツールやサービスも存在します。この章ではこれらについても簡単に触れます。

Chapter 2　HTTPをより深く理解する

クローラーを開発する上で避けては通れないHTTPについて、クローラーがどのようなリクエストを送信し、どのようにレスポンスを処理するべきか、イレギュラーなレスポンスを返すWebサイトにどのように対応するべきかを説明します。

Chapter 3　文字化けと戦う

クロール時の代表的なトラブルの1つである文字化けについて、文字コードの基礎知識やなぜ文字化けが発生するのか、ありがちな落とし穴、そして文字化けへの対応方法を解説します。文字コードが取得できない場合に自動的に推定する方法についても紹介します。

Chapter 4　スクレイピングの極意

HTMLから必要な情報を切り出すことをスクレイピングといいます。この章では主にJsoupというJavaライブラリでCSSセレクタを用いてスクレイピングを行う際のテクニックを紹介します。CSSセレクタで切り出した情報からさらに目的のデータに加工する方法、HTMLに含まれるメタデータを活用する方法についても触れます。

Chapter 5　認証を突破せよ！

認証がかかっているWebページをクロールするために、様々な認証技術とそのクロール方法、認証がかかっているWebページをクロールする際の注意事項を説明します。また、Webサイトによってはプログラム向けにWeb APIを提供しているものもありますが、Web APIへのアクセスにはアクセストークンやOAuthなどを用いた認証が必要なケースがあるため、この章ではWeb APIの認証についても解説します。

Chapter 6　クローリングの応用テクニック

クローラーが守るべきマナー、robots.txtの扱い方、ページング処理が行われているWebサイトをクロールする際のテクニック、大規模なWebサイトを効率的にクロールするためのアイデアなど、応用的なトピックを取り上げます。また、データを収集するだけでなく、削除されたコンテンツをいかに認識するかという課題についても取り組みます。

Chapter 7　JavaScriptと戯れる

この章ではWebサイトのクロールにおいて最も大きな壁の1つとなるJavaScriptやAjaxを活用しているサイトにどのように立ち向かうべきかについて考えてみます。JavaScriptとの戦いを避けられない場合の有力な解決手段の1つとしてSelenium Web Driverを紹介します。

■ 本書の表記

紙面の都合によりコードを途中で折り返している箇所があります。1行のコードを折り返す場合は、改行マーク➡を行末につけています。その他、以下のような囲みで補足説明をしています。

memo　本文を読む上でヒントになる情報です。

> **memo　robots.txt**
>
> GoogleやYahoo!など、インターネット上の情報を取得するプログラム（クローラー）を制御するためのテキストファイルです。「http://○○○.com/robots.txt」のように、自作サイトのルートドメインに配置します。特定のファイルやディレクトリへのアクセスを禁止するなど、クローラーのアクセスを指定できます（ただしrobots.txtに対応していないクローラーもあります）。

 本文と直接は関係しないものの、知っておくと役に立つ情報です。

> **Column　フォントの「豆腐」とは？**
>
> 文字コードレベルでは問題なく復号できたものの、対応するフォントがないために正しく表示ができない状態も広義の文字化けといえます。たとえば、新しく追加された絵文字など、環境によってはフォントが存在しないために「□」やスペースに置き換えられてしまった経験をした人も多いでしょう。Internet Explorerなどで対応するフォントが存在しない場合に現れる「□」という小さい四角ですが、これはその姿から「豆腐（tofu）」と呼ばれることがあります。
> 　Googleによって開発された「Noto」という名前のフォントがありますが、これは「No more tofu」という意味が込められています。世界中の文字に対応する字体を用意することで、「豆腐」をなくそうという意思が込められたネーミングです。

目次

はじめに iii
本書の使い方 iv

CHAPTER 1 クローラーを支える技術　　1

1-1 そもそもクローラーってなに？ 2
1-2 クローラーの仕組み 3
　クローリング 4
　スクレイピング 5
　データの保存 6
1-3 クローラーとWeb技術 6
　Webクローラーが守るべきルール 7
　　クロール先のサーバに負荷をかけすぎない 7
　　取得したコンテンツの著作権を守る 9
　　拒否されたWebサイトやWebページはクロールしない 9
　クローラーが直面する課題 10
1-4 クローラーを作ってみよう 11
　Javaによるシンプルなクローラーの実装 12
　　Jsoup 13
　　crawler4j 15
　クローリング・スクレイピング用のサービスやツールを利用する 18
　　import.io 18
　　scraper 19
1-5 開発をサポートするツール 20
　curl 20
　　リクエストを送信する 21
　　HTTPヘッダを表示する 21
　　リクエストヘッダを指定する 22
　　リクエストボディで送信する内容を指定する 23
　ブラウザの開発者向けツール 23

CHAPTER 2 HTTPをより深く理解する　　25

2-1 HTTPの概要 26
　HTTPの通信内容を覗いてみる 28

2-2 HTTP メソッドの使い分け 30
一部のメソッドがサポートされていない場合がある 33
メソッドの使い方が適切ではない場合がある 34
　　GET ではなく POST メソッドで画面遷移している 34
　　GET メソッドで更新処理をしている 35
URL エンコードの方式の違いによるトラブル 36
　　URL の構造 36
　　URL エンコード 38
　　半角スペースのエンコード方法の違い 39

2-3 信用できないレスポンスステータス 40
ステータスコードに応じて適切な処理をする 40
エラーが発生しているのに 200 が返ってくる 43
ページが存在しない場合にリダイレクトされる 44
そもそもサーバに接続できない 45
サーバエラー時の一般的な対処法 46
　　400 Bad Request 46
　　401 Unauthrorized 46
　　403 Forbidden 47
　　404 Not Found 47
　　405 Method Not Allowed 47
　　406 Not Acceptable 48
　　408 Request Timeout 48
　　500 Internal Server Error 48
　　501 Not Implemented 49
　　502 Bad Gateway 49
　　503 Service Unavailable 49
　　504 Gateway Timeout 50
リダイレクトの微妙な意味の違い 50
　　一時的な移動と恒久的な移動 51
　　メソッドの変更が許されているかどうか 52
　　クローラーでのリダイレクトの扱い方 53
　　meta タグによるリダイレクト 54
　　canonical が示す本来の URL 54

2-4 HTTP ヘッダの調整 55
クローラーのユーザーエージェント 59
　　サーバサイドでクローラーかどうかを判定する 62
クッキーを引き継がないとクロールできない Web サイト 63
　　クッキーを引き継ぐ 64
国際化された Web サイトをクロールする 65
　　地域や言語ごとに異なるドメインや URL で提供されている場合 66
　　Accept-Language ヘッダで切り替えられている場合 66

2-5	プロキシ経由でのクロール	68
	プロキシ使用時の HTTP 通信の内容	69
	クローラーでプロキシを使用する	70
2-6	SSL 通信時のエラー	71
	SSL のバージョン	72
	SSL 対応サイトのクロール	73
	Java の AES のキー長の問題	76
2-7	HTTP/2	79
	Java での HTTP/2 の取り扱い	80
2-8	まとめ	81

CHAPTER 3 文字化けと戦う　　　　　　　　83

3-1	クローリングと文字コード	84
3-2	どうして文字は化けるのか？	86
	コンピュータと文字	86
	文字化けとマルチバイト文字	89
3-3	クライアントとサーバと文字化け	90
	文字コードはどこで化ける？	90
	クライアント・サーバ間	91
	Content-Type ヘッダで文字コードが指定されている場合	92
	meta タグで文字コードが指定されている場合	92
	アプリケーション・データベース間	94
	テキストファイルの読み書き	95
3-4	文字コードを適切に扱う	97
	クローリングと文字コード	98
	インデキシングと文字コード	101
	正規化	101
	危険なデータは 消 毒！	103
3-5	代表的な文字コード	105
	UTF-8	105
	Shift_JIS	106
	EUC-JP	106
	ISO-2022-JP	107
3-6	文字コードにまつわる落とし穴	107
	文字コード名を信じるな	108
	原因	108
	対策	109
	Shift_JIS じゃない Shift_JIS	110

	原因	111
	対策	111
	データベースと寿司の受難①——消える寿司	112
	原因	113
	対策	113
	データベースと寿司の受難②——絵文字で検索できない問題	114
	原因	114
	対策	115
	嘘みたいなフォントの話	118
	原因	118
	対策	120
	トラブルシューティングのための Tips	121
	テキストエンコーディング——Google Chrome でエンコーディングを切り替える拡張機能	121
	hexdump——16 進ダンプでバイト列を確認する	122
	バイナリエディタ——ファイルを 16 進ダンプする	124
3-7	**文字コードを推定するには？**	**125**
	juniversalchardet	127
	ICU4J	130
	Java 以外の言語での実装	131
	文字コード判定用バイト列の長さと判定精度	131
3-8	**まとめ**	**133**

CHAPTER 4　スクレイピングの極意　　135

4-1	**HTML からデータを取得する**	**136**
	正規表現	136
	XPath	137
	CSS セレクタ	140
	HTML 以外のデータ	144
4-2	**CSS セレクタを使いこなす**	**145**
	指定した位置の要素を取得する——nth-child()	145
	テキストノードを文字列で検索する——contains()	147
	テキストノードを正規表現で検索する——matches()	148
	子孫の要素を含めずに検索する——containsOwn() と matchesOwn()	149
	属性で検索する	150
	属性の有無による検索	150
	属性値での検索	151
	属性値の部分一致検索	152
4-3	**スクレイピングしたデータの加工**	**156**
	例1　alt 属性からデータを取得する	156

| | 例2 | 金額の抽出 | 158 |
| | 例3 | 住所の抽出 | 160 |

4-4 メタデータを活用しよう ... **163**
Web ページのメタデータ ... 163
    meta タグ ... 164
    PageMap ... 164
    OGP ... 166
    Twitter Card ... 169
構造化マークアップ ... 171
    Microformats ... 173
    Microdata ... 174
    RDFa/RDFa Lite ... 179
    JSON-LD ... 181
    構造化データテストツールを活用しよう ... 182
    検索結果表示時の構造化データの利用 ... 183

4-4 まとめ ... **188**

CHAPTER 5　認証を突破せよ！　　**189**

5-1 認証が必要なページをクロールする理由 ... **190**
認証の必要な Web サイトのクロールはマナーを守って ... 192
    プライバシーに注意 ... 193
    トラブルにならないために、しっかりとした規約を ... 193
    セキュリティは厳重に ... 193
    できる限り API を使った連携を ... 195

5-2 様々な認証方式とクローリング方法 ... **195**
HTTP 認証 ... 195
フォームベース認証 ... 200
    ログインフォームの HTML と通信内容を分析してみよう ... 200
    クロスサイトリクエストフォージェリ（CSRF） ... 203
    フォームベース認証のプログラム例 ... 205
    セッション管理の仕組み ... 209
    URL にセッション ID を含めるアプリケーションも ... 212
    セッションハイジャック ... 213
2 段階認証 ... 215
CAPTCHA による BOT 対策 ... 216

5-3 Web API を使って情報を取得しよう ... **218**
アクセスキーによる認証 ... 219
OAuth 2.0 ... 220
    OAuth の処理フロー ... 222
    Authorization Code のフロー ... 223

xi

	アクセストークンとリフレッシュトークン	227
	認証と認可	228
	pac4j で GitHub の OAuth を利用してみる	229
5-4	まとめ	**234**

CHAPTER 6　クローリングの応用テクニック　　235

6-1	**クローラーが守るべきマナー**	**236**
	リクエスト数、リクエスト間隔の制限	236
	クロールしてもよいページの制限	237
	robots.txt――サイト単位の設定	237
	自分のクローラーはどれに従えばよいのか？	238
	アクセス制限は Disallow と Allow を見るべし	239
	robots meta タグ――ページごとの設定	243
	X-Robots-Tag ヘッダ――HTML 以外のファイルの場合	245
6-2	**必要なページのみクロールしよう**	**246**
	どこまでページングをたどるか	246
	まずはたどれるリンクを探そう	247
	新着アイコンを探せ	249
	まさかの無限ループ	250
	意外と使えない!? サイトマップ XML	252
	テキストファイルのサイトマップ	254
	サイトマップインデックスファイル	255
	gzip 形式	256
	RSS や Atom からサイトの更新情報を取得する	258
	RSS 1.0 / 2.0	259
	Atom	261
	PubSubHubbub	262
	コンテンツをキャッシュして通信を減らす	264
	gzip 圧縮でレスポンスを高速化	267
6-3	**削除されたコンテンツを判定する**	**269**
	コンテンツに記載された終了期限を使用する	270
	対象サイトを定期的にクロールする	271
	インデックス済みの URL を定期的にチェックする	271
	一覧ページに URL が存在しなければ削除されたものとみなす	273
	残る問題	276
6-4	**Web サイトの更新日時、更新頻度を学習する**	**276**
	明記されている更新日時を探す	277
	エラー日時を把握しその日時を避ける	277
	更新頻度に応じてクロール頻度を調整する	277
	クロール所要時間からクローラーのリソース使用量を平準化する	278

| 6-5 | 究極の効率化＝クロールしない | 279 |
| 6-6 | まとめ | 280 |

CHAPTER 7 　JavaScriptと戯れる　281

7-1　AjaxやSPAの流行による苦悩 282
AjaxによるJavaScriptの復権、そしてSPAの登場 282
JavaScriptを使ったWebページの実例 283
　　確認ダイアログやフォームの入力補助 284
　　画面遷移をJavaScriptで行う 284
　　HTMLを動的に生成する 286
　　Ajaxを使って非同期通信を行う 287
クローラーから見たJavaScript 288

7-2　JavaScriptとの戦いを避ける 290
JavaScriptの動作を再現する 290
クローラー向けの情報を探せ 291
モバイルサイトを狙え！ 292
　　Chromeでスマートフォン向けサイトを確認する 293
　　スマートフォンのユーザーエージェント 294

7-3　ブラウザを操作するツールを活用する 297
Selenium WebDriverを使ってみよう 297
　　WebDriverのセットアップ 298
　　WebDriverでクロールしてみる 300
　　要素の選択 301
　　ダイアログの操作 301
　　非同期に更新される画面の表示を待つ 303

7-4　まとめ 311

索引 312
著者紹介 321

---

memo ▶ 目次

クロール、クローリング 3
robots.txt 8
User-Agentヘッダ 10
JSON 19
改行コードは1つじゃない 27
RESTとRPC 32

xiii

- URI と URL ... 37
- エンコードとデコード ... 39
- エスケープ ... 39
- 例外 ... 41
- ゲートウェイとプロキシ ... 49
- 302 Found と 307 Temporary Redirect の違い ... 52
- 拡張 HTTP ヘッダ ... 58
- ステートレスとステートフル ... 64
- curl コマンドでプロキシを使用する ... 71
- CDN ... 80
- 文字集合と符号化文字集合、文字符号化方式 ... 88
- Content-Type と meta タグで文字コードが食い違うときはどちらを優先するべきか？ ... 93
- BOM ... 93
- 文字コードを表す Java のクラス ... 97
- インデキシング ... 97
- 正規化とサニタイジング ... 101
- XSS ... 103
- クローラーと文字コードとプログラミング言語 ... 132
- HTML を XML に変換する ... 139
- 擬似クラス ... 142
- Jsoup で利用可能な CSS セレクタ ... 142
- Jsoup で ~= を使用する際の注意点 ... 152
- バリデーションサービスで HTML の誤りを調べる ... 155
- schema.org ... 175
- IP アドレスで制限されている場合も？ ... 198
- セッションの大量生成によるメモリ不足 ... 215
- OpenID Connect ... 233
- robots.txt を解析してくれる便利なライブラリ ... 242
- サイトマップを解析してくれる便利なライブラリ ... 257
- 意外と使えない HEAD メソッド ... 273
- スマートフォン向けサイトの URL を取得する ... 294
- Ajax 用のエンドポイントから直接情報を取得する ... 295
- WebDriver のライブラリ ... 298
- ヘッドレスブラウザ ... 299
- Web サイト調査の強い味方、REST クライアントツールを使いこなす ... 308

Column 目次

- PUT メソッドや DELETE メソッドを擬似的に表現する技術 ... 31
- 絵文字は「文字」であるべきなのか？ ... 116
- フォントの「豆腐」とは？ ... 120
- W3C での勧告と Microdata DOM API について ... 178
- SSL クライアント認証 ... 199
- インデキシング時の負荷はどうする？　差分更新という 1 つの解 ... 263

CHAPTER 1

クローラーを支える技術

1-1 そもそもクローラーってなに？
1-2 クローラーの仕組み
1-3 クローラーとWeb技術
1-4 クローラーを作ってみよう
1-5 開発をサポートするツール

本書では、様々なWebサイトをクロールするために必要な技術や知識について解説していきます。

　まずは、クローラーとはなにか、そして、どのような目的で利用され、どのように動作しているかについて見ていきましょう。また、クローラーを作成する際に難しい点、気をつけるべき点についても説明します。

1-1　そもそもクローラーってなに？

　インターネットには膨大なコンテンツが存在します。HTMLで記述されているものだけでなく、画像や動画、音声といったデータファイルなど、形式は様々ですがデータの宝庫といえます。これらのデータを機械的に収集するのがクローラー（Webクローラー）です（**図1.1**）。

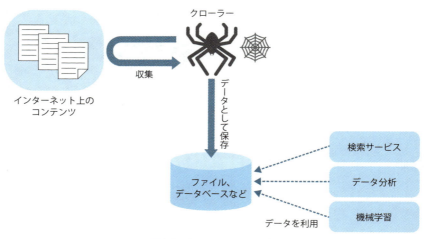

図1.1　クローラーのイメージ

　クローラーの用途として真っ先に思いつくのは、Googleのような検索サービスでしょう。Googleはインターネット上のあらゆるコンテンツをクロールし、検索できるようにしています。また、ファッションや求人情報など、特定

の分野や用途にフォーカスした検索サービスも存在します。ブログやニュースサイトなどをチェックして最新情報を伝えてくれるRSSリーダーなどのツール・サービスも、広い意味ではクローラーといえます。より身近な例では、社内のイントラネット内のサーバをクロールして社内のドキュメントを検索できるようにする、といった用途も考えられます。

> **memo ▶ クロール、クローリング**
>
> クローラーがインターネット上のコンテンツを巡回し、それらコンテンツの情報を収集することを「クロール」または「クローリング」といいます。

クローラーが収集したデータは直接コンテンツとして使用するだけでなく、分析のために使用されることもあります。たとえば、通販サイトの商品価格を日々クローラーで蓄積しておけば、そのデータを分析することで、発売からの経過時間や季節などと価格変動との相関関係を知ることができます。近年大きな注目を集めている機械学習のデータソースとして利用することもできるでしょう。

スマートフォンの普及もあり、多くの人にとってもはやインターネットはなくてはならない存在になっています。そしてその重要性が高まるにつれ、ますます多くの情報がインターネット上に集まるようになっているのです。これらの情報を活用するためにはまず情報を収集する必要があります。この役割を担うのがクローラーなのです。

クローラーの仕組み

クローラーの動作の仕組みを少し詳しく見ていきましょう。

インターネット上のコンテンツは基本的にWebサーバに配置され、私たちはブラウザ（Webブラウザ）を使用してそのコンテンツを閲覧しています。インターネット上のコンテンツの多くはHTMLで記述されていますが、HTMLはハイパーリンクによって相互参照することができます。

私たちはブラウザ上でこのリンクをたどってコンテンツを行き来していますが、クローラーもまたこれらのリンクをたどってコンテンツを収集します。そして収集したコンテンツから必要な情報を抽出し、ファイルとして保存したり、検索サービスや分析処理で使用するのに適したデータストレージに保存します。

　言い換えれば、クローラーとは「インターネット上の情報を収集し、特定の目的に使いやすい形式・場所に保存する」プログラムということになります。

クローリング

　クローラーはHTML中のリンクをたどってWebページを巡回します（図1.2）。単純にいえば「HTMLの中から a タグの href 属性を抽出しそのURLにアクセスする」の繰り返しです。ただ、これだけだと同じページを何度もクロールしてしまい無限ループに陥ってしまったり、不要なページまでクロールしてしまったりといった問題があるため、実際には次のように様々な工夫をする必要があります。

- **工夫1** 一度アクセスしたURLを記録しておいて、2回目以降はスキップするようにする
- **工夫2** 特定のパターンに一致するURLのみ、たどるようにする
- **工夫3** 開始ページから数えたアクセスするべきページの深さに上限を設ける

　後述するクローラー作成用のライブラリやフレームワークでは、これらの機能があらかじめ組み込まれているものもあります。

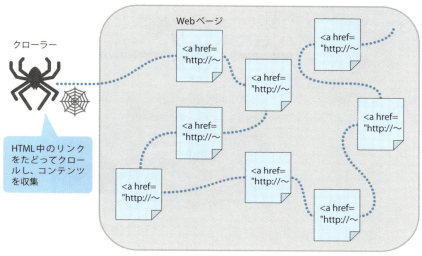

図1.2　クローリング

スクレイピング

　取集したコンテンツから必要な情報を抽出することを「スクレイピング」と呼びます（図1.3）。たとえば、HTMLであれば本文以外にもWebページを装飾するためのHTMLタグなどコンテンツ本来の情報としては不要な部分も多く含んでいますが、検索や分析のデータソースとして使用するためにはこれらを取り除く必要があります。

　また、収集対象のコンテンツはHTMLだけとは限りません。PDFファイルやWordファイルの中からテキストを抽出したり、画像ファイルをリサイズしたりしたいというケースもあるかもしれません。これらの処理は一般的にはスクレイピングとは呼びませんが、収集したデータをストレージに保存する前に適切な形式に加工するという意味では同じフェーズで実施するべき処理といえます。

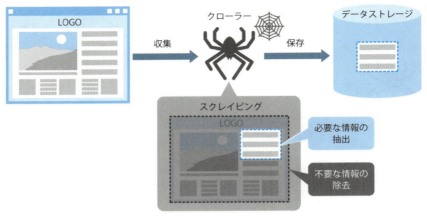

図1.3　スクレイピング

データの保存

　適切な形式に加工したデータは、その後の利用に備えて最終的になんらかのデータストレージに保存されます。

　保存先のデータストレージは、データの用途によって様々です。たとえば、小規模なデータ収集であれば、ローカルファイルシステムにファイルとして保存するだけでも十分でしょう。その後、分析などに利用するのであればなんらかのデータベースに入れておくと便利ですし、検索サービスに使用するのであれば全文検索エンジンにインデキシングすることになるでしょう。データ量が多いのであればクラウドストレージなどへの保存も検討するべきです。

1-3　クローラーとWeb技術

　クローラーを開発・運用するにはWeb技術に対する知識と理解が必要です。たとえば、コンテンツの収集にはHTTP通信を行う必要がありますし、ス

クレイピングを行うためには取得したHTMLを解析する必要があります。これらをあまり意識せず簡単に行うためのライブラリやフレームワークも存在しますが、本格的にクローラーを開発・運用するのであればライブラリの標準機能ではカバーできないような細かい制御や例外的なケースにも対応する必要が出てきます。

また、クローリングを行う上で守るべき技術的・倫理的ルールも存在します。クローラーを運用したり、クローラーで収集したデータを利用する場合はこれらのルールをあらかじめ押さえておかないとクロール対象のWebサイトに迷惑をかけてしまったり、トラブルになってしまうこともありえます。

Webクローラーが守るべきルール

インターネット上のコンテンツをクロールするときは、次の点に強く留意する必要があります。

- **注意1** クロール先のサーバに負荷をかけすぎない
- **注意2** クロールして取得したコンテンツの著作権を守る
- **注意3** 拒否されたWebサイトやWebページはクロールしない

これらクロールを行う上での最低限のマナーともいえます。1つずつ詳しく見ていきましょう。

クロール先のサーバに負荷をかけすぎない

Webクローラーにまつわるトラブルとして有名なのが、2010年に起きた「岡崎市立中央図書館事件」です。

これは、岡崎市立中央図書館が運営していた蔵書検索システムがクローラーによるアクセスによってダウンしてしまい、その後クローラーを実行していた男性の逮捕にまで発展してしまったものです。男性側には業務妨害の意図がなかったことから、最終的に起訴猶予処分となりました。しかし、このクローラー自体はクロール対象のサービスに負荷をかけすぎないよう配慮されたプログラムになっており、蔵書検索システム側に問題があったのでは、

という疑問が呈されています。

　これはマナーを守っていたにもかかわらず、逮捕にまで至ってしまったという意味で最悪のケースですが、クロール先のWebサイトにアクセスをしすぎてしまうと「Webサイトの負荷が上がり、障害を引き起こす」ということは十分に考えられます。一般的に、クローラーは最低限、次のルールを守るべきだといわれています。

> **ルール1** 同時に送信するリクエストは1つのみ
> **ルール2** リクエストの間隔は最低1秒あける

　動作の重いWebサイトであればリクエスト間隔をもっと長くしたり、可能であればアクセス数が少ない夜間の時間帯にクロールするようにする、といった配慮もすべきです。また、**robots.txt**というファイルでクロール間隔が指定されている場合は、その指示に従う必要があります。

> **memo　robots.txt**
>
> 　GoogleやYahoo!など、インターネット上の情報を取得するプログラム（クローラー）を制御するためのテキストファイルです。「http://○○○.com/robots.txt」のように、自作サイトのルートドメインに配置します。特定のファイルやディレクトリへのアクセスを禁止するなど、クローラーのアクセスを指定できます（ただしrobots.txtに対応していないクローラーもあります）。

　もちろん岡崎市立中央図書館の例のように、このルールを守っていてもWebサイト側に予期せぬ負荷をかけてしまうケースはありえます。レスポンスが極端に遅いWebサイトや、エラーを返してくるWebサイトはリクエストの間隔を長くするなどクロール先のWebサイトへの配慮を怠らないようにしましょう。

　なお、クロールのマナーについては、Chapter 6「クローリングの応用テクニック」で詳しく解説します。

■取得したコンテンツの著作権を守る

　クローラーが収集するインターネット上のコンテンツも著作物に該当する場合があります。したがって、データの収集および収集したデータの取り扱いにおいては著作権法に従う必要があります。

　たとえば、検索サービスを提供する場合、クロールしたデータをいったん検索可能な形で自分のサーバに保存する必要があります。これは著作物の複製にあたると考えることができますが、日本では「著作権法第47条の6、7」[※1]によって検索サービスを提供する場合、および情報解析に用いる場合に関しては合法ということになっています。

　ただし、すべてのデータをダウンロードしていいというわけではありません。残念ながら、インターネット上には違法に複製された音声や動画ファイルなど、そもそも著作権侵害となる違法なコンテンツが存在します。これらのコンテンツを収集するためのクローラーは違法とみなされる可能性がありますし[※2]、そのような意図がなかったとしても、収集したデータを用いた検索サービスなどを提供する場合、万が一違法なコンテンツが検索対象に含まれてしまった場合に備えて権利者からの申し立てに応じて該当のコンテンツを検索結果から除外できるようにしておかなくてはなりません。

　また、会員のみが参照可能な情報を持つWebサイトに関しては、そのサイトの利用規約を守る必要があります。認証の必要なWebサイトのデータの取り扱いに関しては、Chapter 5「認証を突破せよ！」で詳しく説明します。

■拒否されたWebサイトやWebページはクロールしない

　マナーを守ってクロールしていても、Webサイトの性能的な問題や、倫理的な問題からWebサイトの所有者が「クロールしてほしくない」と感じることもあるでしょう。

　robots.txtで特定のクローラーを拒否しているWebサイトであればその指示に従うべきですが、共用サーバで運用されているWebサイトなど環境面

※1　http://www.bunka.go.jp/seisaku/chosakuken/seidokaisetsu/gaiyo/chosakubutsu_jiyu.html
※2　違法コンテンツを収集する意図を持ってクロールを行っていたかどうかが重要になります。

の理由からWebサイトの所有者が`robots.txt`を編集できないというケースもありえます。また、Webサイトの所有者が、クロールされたデータがどのような用途に使われているのかを知りたがったり、その用途によってはクロールを拒否したいというケースもあるはずです。

　定常的に運用するクローラーについては、このような場合に備えて問い合わせ用の窓口を用意しておくべきです。一般的にはクローラーの`User-Agent`ヘッダにクローラーの説明ページのURLを含めておき、そのページにクローラーの目的や取得した情報の用途、問い合わせ先などを掲載しておくのがマナーになっています[※3]。

　また、実際にWebサイトの所有者から問い合わせがあり「クロールしてほしくない」という意思表示をされた場合は、そのサイトをクロール対象から外すべきです。そのため、クローラーは、特定のWebサイトやURLをクロール対象から除外できるように作っておく必要があります。

> **memo ▶ User-Agentヘッダ**
> ブラウザの種類やバージョンなどクライアントの情報を示すリクエストヘッダ。

クローラーが直面する課題

　クローラーはインターネット上のコンテンツを収集しますが、インターネット上のコンテンツはルールを守って作成されているものばかりではありません。

　HTTPリクエストに対して適切なレスポンスヘッダや正しいステータスを返さないWebサイト、不正な構造のHTMLや誤った`meta`タグなどは日常茶飯事です。皆さんが普段使っているブラウザでは、これらの不正なコンテンツも多くの場合、不自由を感じることなく閲覧できていると思いますが、これはブラウザがこれらの不正なコンテンツもうまく処理しているからです。

　また、多くのWebサイトをクロールする場合は膨大なコンテンツをどのよ

※3　Chapter 2「HTTPをより深く理解する」で詳しく説明します。

うに効率的にクロールするかという点も大きな課題になります。

　もちろんクローラーのリクエスト間隔を短くしたり、多重並列にクローラーを稼働させればクロールにかかる時間を短縮できますが、前述のとおり、クロール先のWebサイトに迷惑をかけるような行為は行うべきではありません。大量のページを単純にクロールしようとすると数時間から数日かかってもおかしくありませんが、インターネット上のコンテンツは常に更新されており、クロールに時間をかけるとその間にも情報が更新されてしまうため、効率的にクロールを行うための工夫が必要です。

　さらに、最近ではJavaScriptやAjaxを活用したリッチなWebサイトも増えてきました。これらのWebサイトはHTMLがJavaScriptによって動的に生成されるため、従来のWebサイトと違って単純にリンクをたどってダウンロードしたHTMLをスクレイピングするという方法ではクロールできません。

　このようにWebクローラーを開発・運用する上で様々な課題が存在します。あらゆるWebサイトをクロールするには、これらの課題もクリアする必要があります。

　本書ではWebクローリングの基本的なテクニックだけではなく、これらの課題に対処するための実践的な方法についても紹介していきます。

1-4 クローラーを作ってみよう

　クローラーは、ネットワークアクセスの機能を持つプログラミング言語であれば言語を問わず作成できますが、クローラー開発のためのライブラリやフレームワークを利用するとより簡単に作成できます。

　代表的なプログラミング言語用のクローラー作成ライブラリ・フレームワークには、表1.1のようなものがあります。クロールやスクレイピングの機能にそれぞれ特化したもの、クロールとスクレイピング両方の機能を備えるもの、大規模なクローラーを運用するためのものなど、言語別に様々なライブラリ・フレームワークがありますので、用途に応じたものを選びましょう。

表1.1　クローラー開発用ライブラリやフレームワーク

ライブラリ名	言語	説明
anemone https://github.com/chriskite/anemone	Ruby	シンプルなプログラムでクローリングが可能なライブラリ
nokogiri https://github.com/sparklemotion/nokogiri	Ruby	XPathやCSSセレクタが使用可能なHTMLスクレイピング用ライブラリ
Scrapy https://scrapy.org/	Python	クローリング・スクレイピング用フレームワーク
Jsoup https://jsoup.org/	Java	CSSセレクタを使用したスクレイピング用ライブラリ
crawler4j https://github.com/yasserg/crawler4j	Java	クローリング・スクレイピング用のフレームワーク
Apache Tika https://tika.apache.org/	Java	HTML以外にもWord、Excel、PDFなど様々な形式のファイルからデータを抽出可能なライブラリ
Apache Nutch http://nutch.apache.org/	Java	分散処理が可能で拡張性も高い大規模向けのクローラー
node-crawler http://nodecrawler.org/	Node.js	クローリング・スクレイピング用のフレームワーク
gocrawl https://github.com/PuerkitoBio/gocrawl	Go	クローリング・スクレイピング用のフレームワーク

Javaによるシンプルなクローラーの実装

　クローラーがどのような処理を行っているのかを知るために、実際に簡単なクローラーを作ってみましょう。

　本書では、クローラーを実装するプログラミング言語としてJavaを使います。クローラーを実装する上で、Javaには次のようなメリットがあるためです。

- 国際化の仕組みが充実しており、文字コードの扱いに優れている
- ネットワーク系、テキスト処理、HTML以外のデータを扱うものなどライブラリなどが充実している

　とはいえ、JavaはRubyやPythonといったスクリプト言語と比べると記述が冗長だったりコンパイルが必要だったりと、ちょっとしたデータをスクレイ

ピングするための使い捨てのクローラーを開発するには向いていません。しかし、大規模なクローラーを定常的に開発・運用する場合は、上記のメリットに加えてJava VMの安定性、スレッドを使用した並列処理、静的な型付けとコンパイル時のチェックによる安全なプログラミングといった部分も、大きなアドバンテージになります。

　ここでは、Javaでのクローラーのサンプルとして、Jsoupとcrawler4jを使った実装例を紹介します。

■ Jsoup

https://jsoup.org/

　Jsoupは、HTMLをパースして、CSSセレクタを使って特定の要素を抽出可能なスクレイピング用のライブラリです。HTTP通信機能も備えており、これだけで実用的なクローラーを作成することができます。

　Jsoupを使うには、まず`pom.xml`にリスト1.1の依存関係を追加します。

リスト1.1　Jsoupの利用準備

```xml
<dependency>
    <groupId>org.jsoup</groupId>
    <artifactId>jsoup</artifactId>
    <version>1.10.3</version>
</dependency>
```

　リスト1.2は、Jsoupを使用したシンプルなクローラーの実装例です。

リスト1.2　Jsoupで作ったシンプルなクローラー

```java
package jp.co.bizreach.crawler;

import org.jsoup.Jsoup;
import org.jsoup.nodes.Document;
import org.jsoup.nodes.Element;
import org.jsoup.select.Elements;
import java.nio.file.Files;
import java.nio.file.Paths;

public class SimpleCrawlerSample {
```

```java
public static void main(String[] args) throws Exception {
    // ブログの記事一覧ページのURL
    String url = "http://takezoe.hatenablog.com/";
    // GETリクエストを送信し、レスポンスをDocumentオブジェクトで取得
    Document doc = Jsoup.connect(url).get();
    // jQueryと同様のCSSセレクタで検索結果のリンクを抽出
    Elements elements = doc.select("a.entry-title-link");
    // 抽出したリンクを1件ずつ処理
    for(Element element: elements){
        // リンクのラベルを取得
        String title = element.text();
        // リンクのURLを取得
        String nextUrl = element.attr("href");
        // リンク先ページを取得
        Document nextDoc = Jsoup.connect(nextUrl).get();
        // 記事の内容をHTMLで取得
        String content = nextDoc.select("div.entry-content").html();
        // 「タイトル.html」というファイル名で記事の内容を保存
        Files.write(Paths.get(title + ".html"), content.getBytes("UTF-8"));
    }
}
```

　このクローラーは、はてなブログの記事一覧ページから各記事へのリンクを抽出し、各記事の内容をHTMLで取得してコンソールに出力しています。
　クローラーの処理は、次の流れで行われています。

1. HTTPアクセス（ブログの記事一覧ページを取得）
2. スクレイピング（取得したHTMLから各記事のリンクを抽出）
3. HTTPアクセス（各記事のページを取得）
4. スクレイピング（各記事から本文を抽出）
5. データの保存（この例では保存する代わりにコンソールに出力）

　JsoupはHTTP通信機能も備えた便利なライブラリですが、本来はHTMLのスクレイピングのためのライブラリであり、HTML以外のリソースを扱う

ことはできません[※4]。HTML以外のリソースもクロールする必要がある場合は、HTTP通信には別の通信ライブラリを使用し、HTMLのスクレイピング処理のみJsoupで行うというように、複数のライブラリを組み合わせて利用する必要があります。

■ crawler4j

https://github.com/yasserg/crawler4j

crawler4jは、Jsoupと異なり、クローリングに特化したライブラリです。

リンクの抽出やHTTP通信の処理を自分で記述する必要はなく、取得したコンテンツに対する処理を記述するだけでクローラーを実装できます。その反面、スクレイピングにはJsoupなどのライブラリを組み合わせる必要があったり、HTTPの細かいハンドリングができなかったりといったデメリットもあります。

crawler4jを使うには、`pom.xml`にリスト1.3の依存関係を追加します。

リスト1.3　crawler4jの利用準備　　　　　　　　　　　　　　　　XML

```xml
<dependency>
  <groupId>edu.uci.ics</groupId>
  <artifactId>crawler4j</artifactId>
  <version>4.3</version>
</dependency>
```

先ほどのJsoupの場合と同等の処理をcrawler4jで行うには、まずリスト1.4のように`WebCrawler`を継承したクラスを作成します。スクレイピングにはJsoupを使用しています。

リスト1.4　crawler4jで作ったシンプルなクローラー　　　　　　　Java

```java
package jp.co.bizreach.crawler;

import edu.uci.ics.crawler4j.crawler.Page;
import edu.uci.ics.crawler4j.crawler.WebCrawler;
```

※4　HTML以外のURLを指定して実行すると例外がスローされます。例外についてはChapter 2「HTTPをより深く理解する」で説明します。

```java
import edu.uci.ics.crawler4j.parser.HtmlParseData;
import edu.uci.ics.crawler4j.url.WebURL;
import org.jsoup.Jsoup;
import org.jsoup.nodes.Document;

public class MyCrawler extends WebCrawler {

  @Override
  public boolean shouldVisit(Page referringPage, WebURL url) {
    // 各記事のURLのみクロール対象とする
    String href = url.getURL();
    return href.startsWith("http://takezoe.hatenablog.com/entry/");
  }

  @Override
  public void visit(Page page) {
    String url = page.getWebURL().getURL();
    // 各記事のページの場合のみ処理する
    if(url.startsWith("http://takezoe.hatenablog.com/entry/")){
      HtmlParseData data = (HtmlParseData) page.getParseData();
      // ページのHTMLをJsoupでパース
      Document doc = Jsoup.parse(data.getHtml());
      // タイトルを取得
      String title = doc.select("a.entry-title-link").text();
      // 記事の内容をHTMLで取得
      String content = doc.select("div.entry-content").html();
      // タイトル、URL、本文をコンソールに出力
      System.out.println(title + " - " + url);
      System.out.println(content);
    }
  }
}
```

そして、リスト1.5のような起動クラスでこのクローラーを実行します。

リスト1.5　crawler4jで作ったクローラーの起動クラス

Java

```java
package jp.co.bizreach.crawler;

import edu.uci.ics.crawler4j.crawler.CrawlConfig;
import edu.uci.ics.crawler4j.crawler.CrawlController;
import edu.uci.ics.crawler4j.fetcher.PageFetcher;
import edu.uci.ics.crawler4j.robotstxt.RobotstxtConfig;
```

```
import edu.uci.ics.crawler4j.robotstxt.RobotstxtServer;

public class Crawler4jSample {

  public static void main(String[] args) throws Exception {
    String crawlStorageFolder = "./data/crawl/root";
    // クローラーの同時実行数
    int numberOfCrawlers = 1;

    CrawlConfig config = new CrawlConfig();
    // 開始URLから何ホップ先までリンクをたどるか
    config.setMaxDepthOfCrawling(1);
    // クローラーのデータを保存するディレクトリ
    config.setCrawlStorageFolder("./data/crawl/root");

    // CrawlControllerを準備する
    PageFetcher pageFetcher = new PageFetcher(config);
    RobotstxtConfig robotstxtConfig = new RobotstxtConfig();
    RobotstxtServer robotstxtServer = new RobotstxtServer(➡
robotstxtConfig, pageFetcher);
    CrawlController controller = new CrawlController(➡
config, pageFetcher, robotstxtServer);

    // クロールを開始するURLを指定
    controller.addSeed("http://takezoe.hatenablog.com/");
    // クロールを開始
    controller.start(MyCrawler.class, numberOfCrawlers);
  }

}
```

　Jsoupのみの場合と比べると一見複雑ですが、同時実行数やたどるリンクのホップ数などを設定で行うことができますし、HTTPアクセスやクロールするリンクの抽出、`robots.txt`の確認なども自動で行ってくれます。そのため、プログラマは、抽出されたURLをクロール対象とするかどうかの判定と、サーバから返ってきたレスポンスをどのように処理するかのみを実装するだけで済みます。

　一方で、本書で紹介するような多種多様なWebサイトをクロールするためには細かい処理が必要になるケースも多く、crawler4jのようなライブラリでは対応できないケースも出てきます。用途や状況に応じて適切なライブラリを選択することが重要です。

クローリング・スクレイピング用の
サービスやツールを利用する

　指定したURLのクローリング・スクレイピングを行ってくれるサービスやツールもあります。「表形式の一覧表からCSVデータを作成したい」といった用途であれば、これらのサービスを利用することで、自分でプログラムを書かなくても構造化されたデータを簡単に入手できます。

　非定型的なWebサイトや、大規模なデータ収集には対応できないケースも多いですが、用途にマッチするようであれば、こちらのサービスの利用を検討してもよいでしょう。

■ import.io

> https://www.import.io/

　import.ioは、URLを入力するだけでWebページをデータ化してくれるサービスです（**図1.4**）。

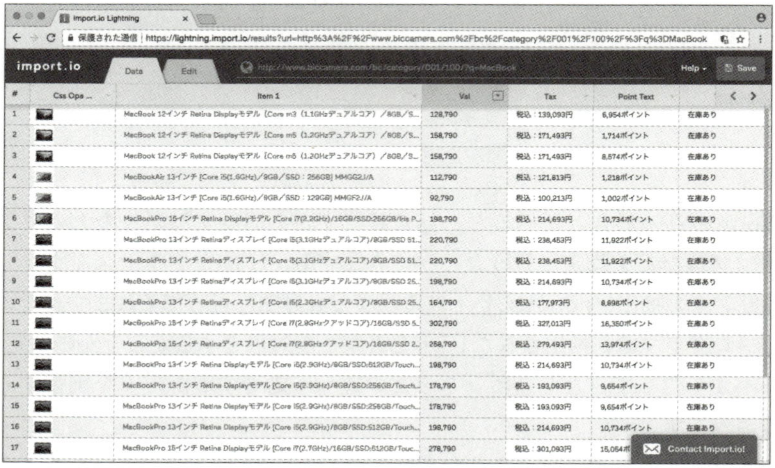

図1.4　import.io

　ページングにも対応しており、指定した時間にクロールを実行する機能も

あります。また、抽出したデータはCSVファイルとしてダウンロードするほか、JSON APIで取得したり、Googleスプレッドシートに保存したりできます。

有償のサービスで、クエリ数に応じたプランが提供されていますが、無料でのトライアルも可能です。

> **memo ▶ JSON**
>
> JSON（JavaScript Object Notation）は、JavaScriptのオブジェクト記法を元にしたテキスト形式のデータフォーマットです。記述がシンプルでパースも用意なことから、XMLに代わってAjax通信やWeb APIなど、プログラミング言語に依存しないデータ交換の手段として幅広く利用されています。

■ scraper

```
https://chrome.google.com/webstore/detail/scraper/mbigbapn
jcgaffohmbkdlecaccepngjd
```

scraperは、Google Chrome拡張として実装されているスクレイピングツールです（図1.5）。

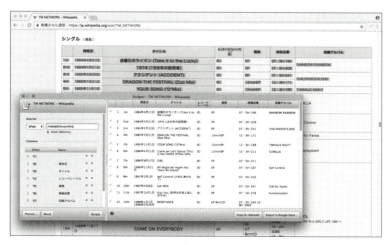

図1.5　scraper

表示しているWebページの中から規則性のあるデータを抽出し、クリップボードにコピーしたり、Googleスプレッドシートに保存したりできます。ページングなどには対応していませんが、ちょっとした用途であれば手軽に使えて便利なツールです。

1-5　開発をサポートするツール

　クローラーを作成していると、思ったとおりに動作しないケースも出てきます。中にはサーバがHTTPで定められたルールで応答してこないケースなどもあり、自分のプログラムが悪いのか、それともサーバ側に問題があるのかの判断が難しいこともあります。このような場合の調査に便利なツールを紹介します。

###

　`curl`コマンドを使うと、コンピュータ上からサーバに対してリクエストを送信し、その結果を確認できます（図1.6）※5。`curl`コマンドには様々なオプ

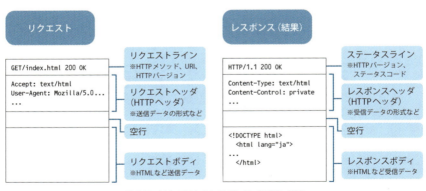

図1.6　リクエストとレスポンス（結果）の例

※5　リクエストとレスポンスは、図1.6のようにいくつかのパートから構成されます。詳細は、Chapter 2「HTTPをより深く理解する」で説明します。

ションがありますが、ここでは基本的な使い方を紹介します。

■ リクエストを送信する

まず、単にGETリクエストを送信するのであれば、次のようにします。

```
curl http://www.example.com/
```

実行結果

```
<!DOCTYPE html>
<html lang="ja">
...
</html>
```

GET以外のメソッドでリクエストを送信する場合は、`-X`オプションを使用します。

```
curl -X POST http://www.example.com/
```

■ HTTPヘッダを表示する

`curl`コマンドはデフォルトではレスポンスボディしか表示しませんが、`-i`オプションを付けるとHTTPヘッダも表示されます。

```
curl -i http://www.example.com/
```

実行結果

```
HTTP/1.1 200 OK
Content-Type: text/html; charset=utf-8
Content-Length: 37915
Connection: keep-alive
Cache-Control: no-store, no-cache
Date: Wed, 05 Oct 2016 16:34:49 GMT
Pragma: no-cache
Server: nginx
```

```
<!DOCTYPE html>
<html lang="ja">
...
</html>
```

`-I`オプションを付けると、HTTPヘッダだけが表示されます。

```
curl -I http://www.example.com/
```

実行結果

```
HTTP/1.1 200 OK
Content-Type: text/html; charset=utf-8
Content-Length: 37915
Connection: keep-alive
Cache-Control: no-store, no-cache
Date: Wed, 05 Oct 2016 16:34:49 GMT
Pragma: no-cache
Server: nginx
```

■ リクエストヘッダを指定する

リクエストヘッダを指定するには、`-H`オプションを使用します。複数のヘッダを指定する場合は、`-H`オプションを複数回指定します。

```
curl -H 'Host: jp.example.com' http://www.example.com/
```

`User-Agent`ヘッダを指定するだけであれば、`-A`オプションを使うこともできます。

```
curl -A 'MyCrawler' http://www.example.com/
```

■ リクエストボディで送信する内容を指定する

　PUTメソッドやPOSTメソッドでリクエストボディを送信する場合は、-dオプションで送信する内容を指定します。複数のパラメータを送信する場合は、&でつなげて複数のパラメータを指定するか、-dオプションを複数指定します。

```
curl -X POST http://www.example.com/ -d username=takezoe
```

　JSONなどを送信したい場合は、シングルクォートを使うと複数行のテキストを指定できるので便利です。ただし、-dオプションを指定した場合、リクエストのContent-Typeは自動的にapplication/x-www-form-urlencodedで送信されてしまうため、サーバによっては次のように-HオプションでContent-Typeを明示的に指定する必要があります。

```
curl -H 'Content-Type: application/json' -X POST ➡
http://www.example.com/ -d '{
  "username": "takezoe"
}'
```

　-dオプションでは、ファイルに保存してある内容を指定することもできます。

```
curl -H 'Content-Type: application/json' -X POST http://www.example.com/ ➡
-d @test.json
```

ブラウザの開発者向けツール

　多くのブラウザにはWebページの構造や通信の内容を調べるための開発者向けツールが搭載されており、クローラーを作る際に活用できます。
　本書ではGoogle Chrome（以降、Chrome）を使用します。Chromeではアドレスバー右端のプルダウンメニューから［その他のツール］→［デベロッパー ツール］でデベロッパーツール（開発者向けツール）を開くことができます（図1.7）。

図1.7　Chromeのデベロッパーツール

　デベロッパーツールは、**表1.2**のショートカットで開くこともできるので覚えておくとよいでしょう。

表1.2　デベロッパーツール起動ショートカット

環境	ショートカット
Windows	［F12］　または　［Ctrl］＋［Shift］＋［I］
Mac	［Option］＋［Command］＋［I］

　デベロッパーツールでは、表示しているWebページのHTML構造やHTTP通信の内容などを確認できます。ブラウザではアクセスできるのにクローラーだとうまくいかない場合や、スクレイピングの際にHTMLの構造を確認する場合などに利用すると便利です。各機能の詳細な利用方法については、後続の各章で必要に応じて説明していきます。

　なお、Chrome以外の主要なブラウザも同様の開発者向け機能を備えています。Chrome以外のブラウザをお使いの場合は各ブラウザのドキュメントなどを参照してください。

CHAPTER 2

HTTPを より深く理解する

2-1 HTTPの概要
2-2 HTTPメソッドの使い分け
2-3 信用できないレスポンスステータス
2-4 HTTPヘッダの調整
2-5 プロキシ経由でのクロール
2-6 SSL通信時のエラー
2-7 HTTP/2
2-8 まとめ

インターネット上のコンテンツは、「HTTP（Hypertext Transfer Protocol）」という通信プロトコル（通信の規約・手順）でやり取りされます。ブラウザとWebサーバは、このプロトコルを用いてデータの送受信を行っているのです。HTTPはいわばWebサーバとブラウザが円滑にデータのやり取りを行うための共通言語のようなものですが、インターネット上にはこの共通言語に従っていないWebサーバやWebサイトも存在します。

本章では、あらゆるWebサイトをクロールするために知っておくべきHTTPの基礎知識、およびHTTPのルールに従っていないWebサイトにどのように立ち向かっていけばよいかを、実例を挙げながら説明していきます。

2-1 HTTPの概要

ブラウザは、HTTPというプロトコルでWebサーバと通信しています。クローラーはブラウザの代わりにWebサーバと通信を行いコンテンツを収集するので、当然ブラウザと同じくHTTPを使ってWebサーバと通信を行うことになります。そこでまずは、HTTPとはどのようなプロトコルで、実際にどのような通信が行われているのかを見てみましょう。

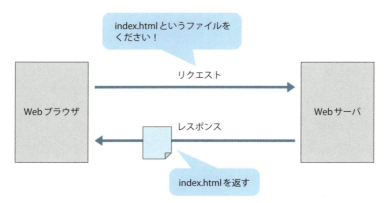

図2.1　ブラウザとサーバのやり取り

HTTPは、基本的に「1つのリクエストに対して、1つのレスポンスを返す」という非常にシンプルなプロトコルです。ブラウザがあるURLに対してリクエストを送信すると、WebサーバがそのURLに該当するコンテンツ（HTML）をレスポンスとして返します（図2.1）。

　リクエストもレスポンスも、図2.2のように3つのパートから構成されています。

図2.2　リクエストメッセージとレスポンスメッセージ

　ヘッダとボディは空の行で区切られている必要があります。また、ヘッダの改行、およびヘッダとボディを区切る改行（改行コード）は「CRLF」である必要があります。ヘッダおよびボディは省略することもできます（たとえば、GETメソッドのリクエストの場合は、ボディは不要です）。

> **memo ▶ 改行コードは1つじゃない**
>
> 　改行コードにはCR（Carriage Return）とLF（Line Feed）の2種類があり、Unix系OS（LinuxやMacOS X以降のMac）ではLF、WindowsではCRとLFを組み合わせたCRLFが使用されてきました。また、MacOS 9以前ではCRが使用されていました。
>
> 　Javaの文字列リテラルでは、これらの改行コードをリスト2.Aのように区別します。

リスト2.A　Javaの文字列リテラル

```java
System.out.print("LFで改行\n");
System.out.print("CRで改行\r");
System.out.print("CRLFで改行\r\n");
```

`System.out.println()`などのメソッドは、プラットフォーム標準の改行（WindowsであればCRLF、LinuxやMacOS XであればLF）を出力します。

HTTP通信では、ヘッダや空行の改行はCRLFを使用することとされています（実際には、LFのみでも正しく処理してくれるサーバやクライアントがほとんどですが）。

HTTPの通信内容を覗いてみる

`curl`コマンドに`--verbose`オプションを付けると、実際に送受信されているリクエスト、レスポンスの内容などを確認できます（リスト2.1）。

リスト2.1　送受信されているリクエスト、レスポンスの確認

```
$ curl --verbose https://www.google.com
* Rebuilt URL to: https://www.google.com/
* Hostname was NOT found in DNS cache
*   Trying 172.217.26.100...
* Connected to www.google.com (172.217.26.100) port 443 (#0)
* TLS 1.2 connection using TLS_ECDHE_RSA_WITH_AES_128_CBC_SHA
* Server certificate: www.google.com
* Server certificate: Google Internet Authority G2
* Server certificate: GeoTrust Global CA
> GET / HTTP/1.1
> User-Agent: curl/7.37.1
> Host: www.google.com
> Accept: */*
>
< HTTP/1.1 302 Found
< Cache-Control: private
< Content-Type: text/html; charset=UTF-8
< Location: https://www.google.co.jp/?gfe_rd=cr&ei=AEvPWM61Ds2Q8Qet_Ze4CA
< Content-Length: 262
< Date: Mon, 20 Mar 2017 03:22:40 GMT
< Alt-Svc: quic=":443"; ma=2592000; v="37,36,35"
```

```
<
<HTML><HEAD><meta http-equiv="content-type" content="text/html; ➡
charset=utf-8">
<TITLE>302 Moved</TITLE></HEAD><BODY>
<H1>302 Moved</H1>
The document has moved
<A HREF="https://www.google.co.jp/?gfe_rd=cr&amp; ➡
ei=AEvPWM61Ds2Q8Qet_Ze4CA">here</A>.
</BODY></HTML>
* Connection #0 to host www.google.com left intact
```

　上記の出力のうち、>の部分がリクエストヘッダ、<の部分がレスポンスヘッダです。見てのとおり、HTTPで送信される内容はテキストベースなので、人間が目で見て内容を理解できるプロトコルになっています。

　また、Chromeのデベロッパーツールでは、「Network」タブでブラウザの通信内容を確認できます（図2.3）。実際にブラウザがサーバとどのようなやり取りをしているかを確認したい場合は、こちらを利用するとよいでしょう。

図2.3　ChromeでHTTP通信の内容を見る

2-2 HTTPメソッドの使い分け

HTTPリクエストには、いくつかの種類があります。`curl`コマンドでは、HTTPリクエストは次のような内容になっていました。

```
GET / HTTP/1.1
User-Agent: curl/7.37.1
Host: www.google.com
Accept: */*
```

この1行目の部分（リクエストライン）の先頭の`GET`がリクエストの種類を表しています。リクエストの種類のことを「リクエストメソッド」と呼びます。

リクエストメソッドには、**表2.1**のものがあります。

表2.1　リクエストメソッド（◎：必須のメソッド、○：サポートされているメソッド）

メソッド	HTTP/1.0	HTTP/1.1	説明
GET	◎	◎	URLで指定したリソースを取得する
HEAD	◎	◎	GETと同じだがヘッダのみ取得する
POST	○	○	URLで指定したリソースをリクエストボディの内容で作成する
PUT	○	○	URLで指定したリソースをリクエストボディの内容で更新する
DELETE	○	○	URLで指定したリソースを削除する
OPTIONS		○	サーバがサポートしているメソッドなどを取得する
TRACE		○	リクエストをそのままレスポンスとして返す
PATCH		○	URLで指定したリソースを部分的に更新する
CONNECT		○	TCP通信のトンネリングを行う

このうち、Webアプリケーションの処理の中心となるのは、GET、POST、PUT、DELETEの4つのメソッドです。これらのメソッドは、URLが示すリソースに対して次のようにCRUDの役割を果たします。

- POST（リソースの作成：**C**reate）
- GET（リソースの参照：**R**ead）
- PUT（リソースの更新：**U**pdate）
- DELETE（リソースの削除：**D**elete）

このようにURLが示すリソースに対してHTTPメソッドをCRUDに割り当てる設計のことを「RESTアーキテクチャ」といいます。

しかし、HTMLフォームでは、GETメソッドとPOSTメソッドしか使用できません。たとえば、リスト2.2のようなHTMLを記述しても、PUTメソッドでリクエストを送信することはできません。

リスト2.2　PUTメソッドでリクエストを送信できない　　　　　　　　　　HTML
```html
<form method="PUT" action="/articles">
  ...
</form>
```

また、環境によっては、GETとPOST以外のリクエストはファイアウォールで弾かれてしまうこともあります。そのため、実際にはGETとPOSTメソッドのみで構築されているWebアプリケーションが多いのが実情です。

クローラーはHTMLなどのリソースをダウンロードするものなので、基本的にGETメソッドを使用しますが、場合によっては他のメソッドを使用しなくてはならないこともあります。リクエストメソッドの使い分けはHTTPの基本ともいえますが、実際のWebサイトでは適切に使い分けられておらず注意が必要な場合もあります。

> **Column　PUTメソッドやDELETEメソッドを擬似的に表現する技術**
>
> HTML5以前は、HTMLフォームからGET、POST以外のリクエストを送信できませんでした。そのため、Ruby on Railsなどのフレームワークでは、次のように`_method`というパラメータを指定することで、擬似的にPUTメソッドやDELETEメソッドを表現する機能があります。

```html
<form method="POST" action="/articles">
  ...
  <input type="hidden" name="_method" value="PUT"/>
</form>
```

　フレームワークは`_method`パラメータをチェックして、そのリクエストを指定されたメソッドとして扱います。

　リクエストボディとしてJSONやXMLなどを送信する場合は、`_method`パラメータを送信できません。このような場合、**X-HTTP-Method-Override**という拡張HTTPヘッダでメソッドを指定する方法もあります。

```
POST /articles HTTP/1.1
Content-Type: application/json
X-HTTP-Method-Override: PUT
...
```

　なお、HTML5やAjaxで使用する**XMLHttpRequest**であればPUTメソッドやDELETEメソッドも使用できるため、近代的なWebアプリケーションではこのような回避策を使わなくてもRESTアーキテクチャを採用できます。

　一方で、Web APIの設計ではRESTスタイルでは表現しきれない場合もあり、POSTメソッドのみを使用してリクエストボディに含まれるメッセージによって処理の内容を判定するRPC（Remote Procedure Call）スタイルが用いられることもあります。

> **memo　RESTとRPC**
>
> 　RESTでは、リクエストするURLで示すリソースに対してHTTPメソッドを使い分けることでCRUD操作を行います。これに対し、RPCスタイルのWeb APIでは、常にPOSTメソッドを使用し、どのような操作を行うかもリクエストボディで送信するデータ内で指定します（**図2.A**は、JSON-RPC2.0という、JSONを使用したRPC仕様の場合の例です）。そのため、CRUD以外の操作も表現できるなど自由度の高いAPI設計が可能です。

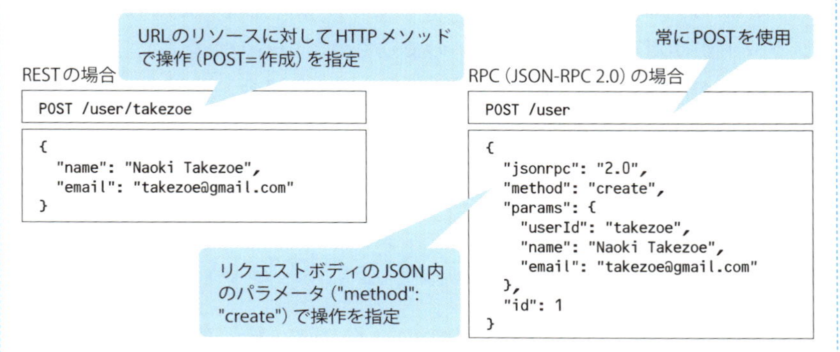

```
RESTの場合                    URLのリソースに対してHTTPメソッド         常にPOSTを使用
                             で操作（POST＝作成）を指定
POST /user/takezoe                                          RPC（JSON-RPC 2.0）の場合

{                                                           POST /user
  "name": "Naoki Takezoe",
  "email": "takezoe@gmail.com"                              {
}                                                             "jsonrpc": "2.0",
                                                              "method": "create",
                                                              "params": {
                             リクエストボディのJSON内              "userId": "takezoe",
                             のパラメータ（"method":               "name": "Naoki Takezoe",
                             "create"）で操作を指定                "email": "takezoe@gmail.com"
                                                              },
                                                              "id": 1
                                                            }
```

図2.A　RESTとRPC

一部のメソッドがサポートされていない場合がある

　WebサイトによってはHTTPで定義されているメソッドのうち、一部をサポートしていない場合があります。中でも、クロールを行う上でとりわけ不便を感じるのがHEADメソッドをサポートしていないWebサイトです。

　HEADメソッドはレスポンスボディを返さないため、更新されている可能性が低いコンテンツの場合は、まずHEADメソッドで**Last-Modified**ヘッダなどを確認し、更新されていた場合のみGETメソッドでダウンロードするようにすると通信量を節約できます[※1]。

　HEADメソッドをサポートしていない場合、リクエストされたメソッドをサポートしていないことを示す**405 Method Not Allowed**や**501 Not Implemented**を返してくれればよいのですが、HEADメソッドでリクエストを送信すると常に**404 Not Found**を返してくるWebサイトもあります。404はそのリソースが削除されたことを示すステータスですが、すべてのHEADリクエストに対して404が返されるため、リソースが削除されたとみなすことができません。

※1　詳細はChapter 6「クローリングの応用テクニック」で説明します。

サーバから返却されたステータスコードが本来の意味を示しているか（そのメソッドがサポートされていないので返されているのかなど）、一見しただけでは区別がつかないこともあります。このような場合、使用したいメソッドがサポートされているかどうかを調べるには、自分で`curl`コマンドなどでリクエストを送信して、そのレスポンスから判断するしかありません。

メソッドの使い方が適切ではない場合がある

メソッドはサポートされているものの、その使い方が適切でない場合もあります。

■ GETではなくPOSTメソッドで画面遷移している

動的なWebサイトで、本来ならGETメソッドを使うべきところで"POSTメソッド"を使用しているという場合があります。POSTメソッドはデータの更新処理を伴うリクエストに用いられますが、古いWebサイトなどで画面遷移をPOSTメソッドで行っているのをときどき見かけます。

POSTメソッドで画面遷移を行う背景には、次の理由があるようです。

①画面遷移時に必要なパラメータが多いため、クエリ文字列に付与するのが困難である
②キャッシュを使用せず、毎回新しいコンテンツを表示させたい

しかし、①についてはURLやパラメータの設計で回避できますし、②についてはレスポンスヘッダやHTML内の`meta`タグを適切に制御することでブラウザ側でのキャッシュを制御できます。そのため、POSTメソッドによる画面遷移の実装はなるべく避けてほしいところですが、このようなWebサイトが一定数存在することは事実です。

このようなPOSTメソッドによる画面遷移は、リスト2.3のようなHTMLフォームで実装されています。

リスト2.3　"なるべく避けたい" POSTメソッドによる画面遷移

```HTML
<form action="/list" method="POST">
  <input type="hidden" name="area" value="kanto"/>
  <input type="hidden" name="page" value="1"/>
  <input type="submit" name="previous" value="前のページへ"/>
  <input type="submit" name="next" value="次のページへ"/>
</form>
```

　このような画面遷移を行うWebサイトをクロールする場合、クローラーは当然、リンクをたどるだけでなく、フォームで送信する内容と同じ内容をPOSTメソッドで送信する必要があります。Jsoupでは、リスト2.4のようにしてPOSTリクエストを送信できます。

リスト2.4　POSTリクエストの送信

```Java
Document doc = Jsoup.connect("http://www.example.com/list")
  .data("area", "kanto")
  .data("page", "1")
  .data("next", "次のページへ")
  .post();
```

　しかし、POSTメソッドはデータ更新を伴う処理に使用されることが多いため、クローラーが自動的にフォームの内容を解析してリクエストを送信するのは好ましいことではありません。Webサイトの構造を確認した上で、POSTメソッドを使用しないとクロールできないサイトのみ例外的に対処するとよいでしょう。

■ GETメソッドで更新処理をしている

　データの更新処理など、本来ならPOSTメソッドを使うべきところで"GETメソッド"を使用している場合があります。たとえば、データの削除処理がリスト2.5のようなHTMLリンクで実装されているときがあります。

リスト2.5　"なるべく避けたい" GETメソッドによる更新処理

```HTML
<a href="/delete/item/123">削除</a>
```

　クローラーがこのリンクをたどってリクエストを送信してしまうとデータが

消えてしまいます。クローラーを作成する場合は、こういったリンクを誤って「誤爆」しないように注意する必要があります。

　Webサイトを作成する場合、もちろん、このような処理はGETメソッドで実装するべきではありません。しかし、やむを得ずGETメソッドを使う場合は、リスト2.6のようにリンクに**rel="nofollow"**と記述しておけば、クローラーがそのリンクをたどることがなくなり、クローラーによってデータが削除されてしまうという事故を防止できます[※2]。

リスト2.6　nofollow属性でリンク先をたどらないようにする　　　　　　　　　　`HTML`
```html
<a href="/delete/item/123" rel="nofollow">削除</a>
```

　このように、用途によって使い分けられるべきHTTPメソッドがサポートされていなかったり、Webサイトによっては本来とは異なる用途に使われていたりすることがあります。

URLエンコードの方式の違いによるトラブル

　GETメソッドでパラメータ付きのリクエストを送信する場合、URLにクエリ文字列と呼ばれる文字列にURLエンコードと呼ばれる方式でエンコードしたパラメータを含める必要があります。このエンコード方式の微妙な違いによってトラブルが発生することがあります。

　URLエンコードにおけるトラブルについて説明する前に、まずはURLの構造についてきちんと押さえておきましょう。

■ URLの構造

　Web上のリソースを一意に指し示すのがURLです。URLは図2.4のような構造をしています。

[※2]　ただし、世の中にはお行儀の悪いクローラーも存在するため、nofollow属性が付いているから大丈夫というわけでもありません。

```
https://www.example.com/contents/index.html
  スキーム      ホスト名          パス
```

図2.4　URLの構造

URLの末尾にはアンカー（#から始まる部分）やクエリ文字列（?から始まる部分）が付与される場合もあります。

https://www.example.com/contents/index.html#top
https://www.example.com/contents/search?id=123&tag=football

ホスト名の部分は図2.5のようにドメイン名とサブドメインから成ります。また、comなどはトップレベルドメインといいます。

図2.5　ホスト名の構造

---

memo ▶ URIとURL

URLのことをURIと呼ぶこともあります。この2つの呼び名は、なにが違うのでしょうか？

URI（Uniform Resource Identifier）はリソースを示す識別子の書き方のルールを定めたもので、URL（Uniform Resource Locator）はそのルールに従ってWeb上のリソースの「場所」を記述するためのものです。つまり、URLはURIの一種ということになります。そのため、URLをURIと読み替えても問題ありません。

また、URIには、URLの他にも、URN（Uniform Resource Name）があります。URNは、リソースの場所が変わってしまった場合やWeb上から存在しなくなってしまった場合でも一意に識別できる「名前」を定義するためのものです。しかし実際は、URLが実用上問題ないレベルで恒久的な識別子として機能しているため、URNは広く使われているとはいえない状況です。

URIとURL、URNの関係を図で表すと図2.Aのようになります。

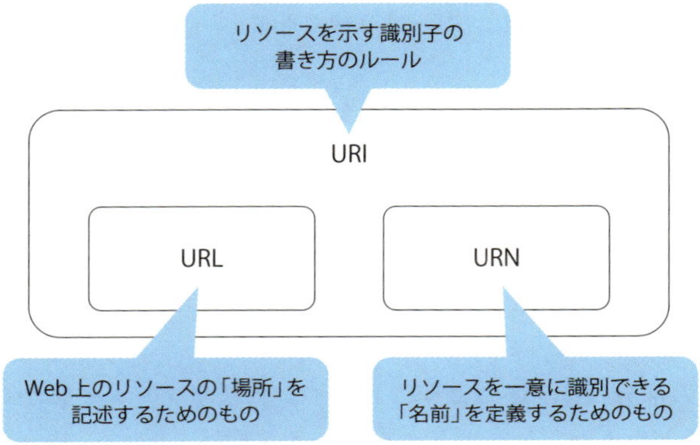

```
                 リソースを示す識別子の
                 書き方のルール
        ┌──────────────────────────────┐
        │              URI             │
        │  ┌─────────┐    ┌─────────┐  │
        │  │   URL   │    │   URN   │  │
        │  └─────────┘    └─────────┘  │
        └──────────────────────────────┘
        Web上のリソースの「場所」を    リソースを一意に識別できる
        記述するためのもの             「名前」を定義するためのもの
```

図2.A　URIとURL、URNの関係

■URLエンコード

さて、ここからが本題です。URLに使用できない文字（多くの半角記号や日本語文字など）が含まれている場合は、URLエンコードと呼ばれる一種のエスケープ処理を行う必要があります。URLエンコードは、文字をバイト単位で**%xx**（**xx**の部分は16進数）に変換します。実際の例を見てみましょう。

たとえば、**?book=Web技術**というクエリ文字列をURLに付与したい場合、日本語を含むのでURLエンコードする必要があります。しかし、URLエンコードは文字列のバイト表現を変換するため、どの文字コードでエンコードするかで以下のように結果が変わってきます。

- Shift_JISの場合　：?book=Web%8B%5A%8F%70
- EUC_JPの場合　　：?book=Web%B5%BB%BD%D1
- UTF-8の場合　　　：?book=Web%E6%8A%80%E8%A1%93

もちろんサーバ側でデコードする際も、同じ文字コードでデコードしなければなりません。エンコード時と異なる文字コードでデコードしようとすると

文字化けが発生してしまいます[※3]。

> **memo** エンコードとデコード
>
> 　文字を一定のルールに従って変換する処理のことを「エンコード」、エンコードされた文字を元の文字に戻すことを「デコード」といいます。

> **memo** エスケープ
>
> 　文字列リテラル中でダブルクォート（"）を、"\""のようにエスケープ文字（この場合は\）を使用して表現することを「エスケープ」といいます。HTML中で<を<、>を>のように表現するのもエスケープ処理の一種といえます。

■ 半角スペースのエンコード方法の違い

　URLエンコードのトラブルでありがちなのが、半角スペースのエンコード方法です。Webサイトによっては、+にエンコードしている場合と%20にエンコードしている場合があります。URLエンコードには、厳密には次の2つのエンコード方法があり、それぞれ半角スペースのエンコード方法が異なります。

RFC3986で定められているURLに使用するエンコード方式
　半角スペースは%20にエンコードする。

POSTメソッドで使用するapplication/x-www-form-urlencoded
　半角スペースは+にエンコードする。

　しかし、使用するライブラリによってはどちらかのエンコード方式にしか対応しておらず、サーバ側でデコードできずにトラブルになることがあります。また、Webサイトによってはサーバ側でこの仕様の違いが意識されておらず、

※3　文字コードや文字化けの詳細はChapter 3「文字化けと戦う」で説明します。

URLでも+にエンコードしないと半角スペースとして認識してくれない場合があります。

半角スペースを含むパラメータの送信がうまくいかない場合は、クローラーが使用しているライブラリの仕様とクロール先のWebサイトの挙動を確認し、適切なエンコード方法を見極めてください。

2-3 信用できないレスポンスステータス

ステータスコードに応じて適切な処理をする

サーバからのレスポンスを受け取った後、まずチェックしないといけないのがレスポンスステータス（レスポンスの状態）です。HTTPレスポンスには、HTTPリクエストが正常に完了したかなどを示すステータスコードが含まれています。HTTPレスポンスのステータスコードは3桁の数字で、**表2.2**のように先頭の1桁によって意味がわかれています。

表2.2　ステータスコード

ステータスコード	意味
1xx	処理中
2xx	成功
3xx	リダイレクト
4xx	クライアントエラー
5xx	サーバエラー

通常、ブラウザでWebサイトを参照している場合はWebサーバが正しくレスポンスを返したことを示す200が返ってきているはずですが、アクセスしたページが存在しない場合は404、サービスがメンテナンス中や過負荷の影響

で停止している場合は500といったステータスが返されます。クローラーでは、次のようにステータスによって適切な処理を行う必要があります。

- 2xxや3xxなど正常にレスポンスが取得できる場合は、処理を続行する
- 404などコンテンツが存在しない場合は、除外リストに追加するなどして次回からクロールしないようにする
- 5xxなどサーバエラーの場合は、処理を中止する

Jsoupでは、デフォルトではエラーのステータスコードが返ってきた場合、次のような例外が発生します。

```
Exception in thread "main" org.jsoup.HttpStatusException: HTTP error ➡
fetching URL. Status=404, URL=https://www.google.co.jp/123
    at org.jsoup.helper.HttpConnection$Response.execute(➡
HttpConnection.java:679)
    at org.jsoup.helper.HttpConnection$Response.execute(➡
HttpConnection.java:628)
    at org.jsoup.helper.HttpConnection.execute(HttpConnection.java:260)
    ...
```

> **memo ▶ 例外**
>
> モダンなプログラミング言語では、エラー処理の仕組みとして「例外（Exception）」という機構が存在します（ただしGoのように例外機構が存在しない言語もあります）。エラーが発生するとメソッド内で例外がスローされる（投げられる）ので、メソッドの呼び出し元ではそれをキャッチしてエラー処理を行うことができます。例外はメソッドの呼び出し階層を伝搬するのでメソッド呼び出しごとにチェックするのではなく、上位の呼び出し元でまとめてエラー処理を記述できます。

リスト2.7のように、例外をキャッチしてエラー時のステータスコードを確認できます。

リスト2.7　例外をキャッチしてステータスコードを確認する　　Java
```java
String url = "https://www.google.co.jp/123";

try {
  Response res = Jsoup.connect(url).execute();
  ...
} catch (HttpStatusException ex){
  int statusCode = ex.getStatusCode();
  if(statusCode == 404){
    System.out.println(url + "は存在しません");
  }
}
```

　エラー時に例外をスローしてほしくない場合は、ignoreHttpErrors(true)を指定しておきます。この場合は、返却されたResponseオブジェクトからステータスコードを取得できます（リスト2.8）。

リスト2.8　例外をスローしない場合にステータスコードを取得する　　Java
```java
Response res = Jsoup.connect(url).ignoreHttpErrors(true).execute();
int statusCode = res.statusCode();
if(statusCode == 404){
  System.out.println(url + "は存在しません");
}
```

　エラーレスポンスが返却された場合にどのような挙動をするかは、利用するライブラリによって異なります。また、その挙動はオプションで変更できるようになっていることが多いです。ステータスコードによって処理を分岐する必要がある場合は、使用するライブラリの挙動を確認しておくようにしましょう。
　このようにステータスコードは、リクエストが成功したかどうか、レスポンスがきちんと取得できたのかどうかを判断するための非常に重要な機能ですが、実際にWebサイトをクロールしているとHTTPのレスポンスステータスがあてにならないことがたまにあります。
　ここでは、筆者らが実際に様々なWebサイトをクロールする上で遭遇したレスポンスステータスにまつわるトラブルや、取り扱いに注意の必要なステータスについて紹介します。

エラーが発生しているのに200が返ってくる

サーバでエラーが発生した場合、通常であればステータスは`500 Internal Server Error`でレスポンスが返されます。しかし、Webサイトによっては、エラーが発生しているにもかかわらずステータスを`200 OK`で返してくることがあります。場合によっては、エラーページを表示しているにもかかわらずステータスが200の場合もあります。

通常、500のステータスが返ってきた場合は、サーバ側でなんらかの障害が起きている可能性もあるため、クロールを継続するべきではありません。しかし、エラーが発生しているにもかかわらず200を返してくるWebサイトの場合、クローラー側ではステータスからクロール継続の是非を判断できません。

また、似た問題として、ページがすでに削除されている場合は本来なら`404 Not Found`を返してほしいところですが、この場合も同様に200を返してくるWebサイトがあります。特に検索サービスなどを提供するためにクロールを行っている場合、すでに存在しないコンテンツはインデックスからも削除したいところです。本来ならレスポンスステータスが404のページをインデックスから削除すればよいはずですが、上述のようにステータスから判断できません。

このようなWebサイトでは、レスポンスステータスではなく、返却されたHTMLの中身をチェックすることで判定が可能な場合があります（図2.6）。

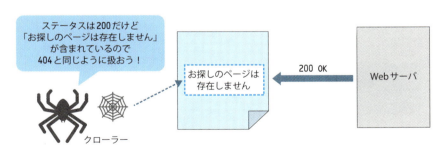

図2.6 HTMLの中身を見て判断する

たとえば、レスポンスされたHTMLの中に「エラーが発生しました」というメッセージが含まれていれば、サーバ側でエラーが発生したことによって、

本来のコンテンツではなくエラー画面を返してきているのではないかと推測できます。また、「このページはすでに存在しません」というメッセージが含まれていれば、そのページはすでに削除されたと判断できます。しかし、シンプルすぎるキーワードのチェックでは、正常なレスポンスが返されているにもかかわらず、本文中にそのキーワードが含まれていたために判定を誤ってしまうことがあります。また、エラー時や削除時に表示されるメッセージは常にHTMLに含まれており、CSSで表示するかどうかを切り替えているだけ、という場合もあります。

この方法を採る場合、実際に表示される画面の見た目に惑わされず、実際に返されたHTMLをチェックし、どのようなキーワードでチェックすれば正確に判断できるかを検討するようにしましょう。

ページが存在しない場合にリダイレクトされる

先ほどの問題と似ていますが、アクセスしたページが存在しない場合にトップページなどにリダイレクト（3xx系のステータス）を行うWebサイトも存在します（図2.7）。

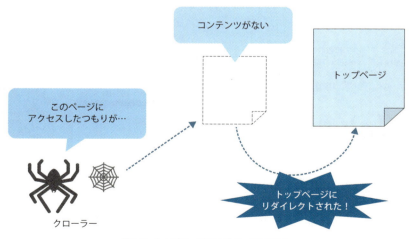

図2.7　トップページにリダイレクトされる

リダイレクト（3xx系のステータス）とは、アクセスされたリクエストを別のURLに転送するというものです。3xx系のステータスのレスポンスの場合、レスポンスの**Location**ヘッダにリダイレクト先のURLが含まれており、ブラウザはこのURLにリクエストを転送します。

Webサイトへの訪問者に対して「このページは存在しません」というページを表示するよりもトップページにリダイレクトしたほうが利便性が高いかもしれませんが、クローラー側ではページが削除されたことをステータスコードから判定できないため厄介です。

「リダイレクトされたらそのページは削除されたと判断する」という手法も考えられますが、通常の画面遷移でリダイレクトが発生するときと区別が付かないこともあります。その場合は、アクセスしたURLに応じてリダイレクト後に返却されるHTMLの内容をチェックするなどして判断する必要があるでしょう。

なお、リダイレクトについては、本章の「リダイレクトの微妙な意味の違い」であらためて説明します。

そもそもサーバに接続できない

アクセス先のサーバがダウンしている場合など、HTTPレスポンスのステータス以前に、そもそもサーバに接続できない場合もあります。このような場合、Jsoupは次のような例外をスローします。

```
Exception in thread "main" java.net.ConnectException: Connection refused
    at java.net.PlainSocketImpl.socketConnect(Native Method)
    at java.net.AbstractPlainSocketImpl.doConnect(➡
AbstractPlainSocketImpl.java:345)
    at java.net.AbstractPlainSocketImpl.connectToAddress(➡
AbstractPlainSocketImpl.java:206)
    at java.net.AbstractPlainSocketImpl.connect(➡
AbstractPlainSocketImpl.java:188)
    at java.net.SocksSocketImpl.connect(SocksSocketImpl.java:392)
    at java.net.Socket.connect(Socket.java:589)
    ...
```

原因としては、一時的なネットワークのトラブル、サーバが障害やメンテナンスなどの都合でダウンしているといったことが考えられます。また、長期間この状態が続く場合は、Webサイト自体が閉鎖してしまった、ドメインごと移転してしまったという可能性もあるためWebサイトの状況を確認して然るべき対応を取る必要があります。

サーバエラー時の一般的な対処法

　レスポンスのステータスコードが200 OKでもWebサイトによっては信用できないことがありますが、逆にエラー系のステータスコードを返す場合はそれなりに信憑性があると考えることができます。特にサーバがエラーを返しているにもかかわらずクロールを継続するのは無駄なだけでなく、クロール先サイトにさらなる負荷をかけ、より事態を悪化させてしまうことにもつながりかねません。サーバからエラーが返ってきた場合には、ステータスに応じて適切な処理を行う必要があります。
　ここでは、エラーを示す4xx系および5xx系のステータスが返ってきた場合の一般的な対処方法を紹介します。

■ 400 Bad Request

　リクエストパラメータが不正な場合など、リクエストの内容に問題がある場合のステータスです。
　このステータスが返された場合は、クローラーが送信しているリクエストの内容を見直す必要があります。リンクをたどってHTMLを収集するだけのクローラーであれば、このステータスに出会う機会は少ないかもしれません。しかし、パラメータをクローラー側で組み立ててリクエストを送信している場合は、それまでうまくクロールできていたWebサイトでも、Webサイト側の仕様変更などによって、ある日を境に400が返るようになることがあります。

■ 401 Unauthrorized

　対象のリソースへのアクセスに認証が必要な場合のステータスです。
　このステータスが返却された場合は、サーバ側で対象のリソースになんら

かのアクセス制限がかけられています[※4]。

■ 403 Forbidden

閲覧禁止を意味するステータスです。

よくあるのは社内からのアクセスしか許可されていないページに社外からアクセスしようとした場合などですが、クローラーの場合はクローラーによるアクセスが拒否されている場合に出会う可能性が高いステータスです。

ただし、Webサイトによっては、一定時間内に同一のIPアドレスから一定数以上あった場合に機械的にブロックしている場合があります。このようなときは、少し時間をおくとクロール可能になることがあります。

いずれにしても、このステータスが返却される場合、明確に拒否の意思を表明されているので、それ以上クロールを継続するべきではありません。しばらく時間をおくとクロールが可能になる場合でも、リクエストのインターバルを調整するなどの対処を行うべきです。

■ 404 Not Found

対象のリソースが存在しない場合のステータスです。

また、対象のリソースに対するアクセス権がない場合や、そのリクエストに対して返却するレスポンスが存在しない場合にも用いられることがあります。たとえば、「GETメソッドに対してはきちんと200 OKを返すものの、HEADメソッドに対しては404 NotFoundを返す」というようなWebサイトも存在します。

■ 405 Method Not Allowed

そのメソッドでのリクエストが許可されていない場合のステータスです。

クローラーではあまり出会うことのないステータスですが、静的なHTMLファイルやCSSファイル、画像ファイルなどに対してPOSTメソッドでリクエストを送信した場合などにこのステータスが返されます。

※4 アクセス制限のかけられたリソースのクロールについては、Chapter 5「認証を突破せよ！」で説明します。

501 Not Implementedと似ていますが、次のような違いがあります。

- 501 Not Implemented
  サーバ自体がそのメソッドをサポートしていないことを表すステータス。
- 405 Method Not Allowed
  サーバはそのメソッドをサポートしているものの、対象のリソースに対してそのメソッドが許可されていない場合に返されるステータス。

406 Not Acceptable

リクエストの`Accept-Language`ヘッダで指定された言語でレスポンスができない場合など、サーバがクライアントから送信された`Accept`系ヘッダの要求に応えられない場合のステータスです。

`Accept`系のヘッダには、表2.3のようなものがあります。

表2.3　Accept系のヘッダ

ヘッダ	説明
Accept	クライアントが要求するContent-Type
Accept-Language	クライアントが要求する言語
Accept-Charset	クライアントが要求する文字コード

408 Request Timeout

クライアントとサーバ間の通信時間が、サーバ側で設定されているタイムアウト時間を経過してしまった場合のステータスです。

このステータスが返された場合は、サーバが高負荷状態のため処理に時間がかかっている可能性があるので、リクエストしているURLやリクエストの間隔が適切かどうかを見直したほうがよいでしょう。

500 Internal Server Error

サーバ側でなんらかのエラーが発生した場合のステータスです。
このステータスが返却された場合、対象のサーバでなんらかのトラブルが

発生している可能性が考えられるので、ただちにクロールを停止するべきです。ただし、作りの悪いWebシステムの場合、入力チェックのエラーなどでも`500 Internal Server Error`を返してくることがあります。この場合は、送信するリクエストの内容を見直すことでクロールが可能です。

501 Not Implemented

該当のメソッドがそのサーバでサポートされていない場合のステータスです。サーバはサポートしているものの「対象リソースに対して該当メソッドが許可されていない」ことを示す`405 Method Not Allowed`とは異なる点に注意してください。

502 Bad Gateway

ゲートウェイやプロキシとして動作しているサーバが上位のサーバから不正なレスポンスを受け取った場合のステータスです。

プロキシサーバの設定が間違っていたり、中継先サーバがダウンしている場合などにも起こります。このステータスが返された場合は、基本的にクローラー側からできることはありません。自分で管理しているプロキシサーバであれば、設定を見直すなど対処の余地がありますが、Webサイト側で設置しているプロキシサーバの場合は、こちらでは手が出せないので復旧を待つしかありません。

> **memo** ▶ ゲートウェイとプロキシ
>
> 通信を中継するサーバのことを「プロキシ」、別のネットワークへの通信を中継するサーバのことを「ゲートウェイ」といいます。

503 Service Unavailable

サービスが過負荷やメンテナンスなどの理由で一時的に利用不可能な場合のステータスです。

このステータスが返された場合は、クロールを継続するべきではありませ

ん。しばらく様子を見て、正常にレスポンスを返すよう復旧したことを確認してから、クロールを再開するようにしましょう。ただし、Webサイトによっては、夜間などに定期的にメンテナンスを行っている場合もあります。そのため、このステータスが発生した日時を記録しておいてメンテナンスの周期を把握することで、メンテナンス時間帯を避けてクロールすることも可能です。

■504 Gateway Timeout

ゲートウェイやプロキシとして動作しているサーバが上位のサーバからのレスポンスを一定時間内に取得できずにタイムアウトした場合のステータスです。

他の5xx系のステータスと同様、クローラー側でできることは基本的にありません。クロール対象のWebサイトが過負荷でレスポンスを返すことができないという場合も考えられるので、クロールを継続するべきではありません。

リダイレクトの微妙な意味の違い

3xx系のステータスは、リダイレクトを意味します。ブラウザでアクセスした場合、ブラウザはLocationヘッダで指定されたURLにアクセスし直します（図2.8）。

図2.8　リダイレクト時の挙動

しかし、一言でリダイレクトといっても3xx系のステータスは、実は**表2.4**

のようにそれぞれ微妙に意味が異なります。

表2.4 リダイレクトを意味する3xx系のステータス

ステータス	意味	説明
301	Move Permanently	リクエストされたリソースが恒久的に移動している
302	Found	リクエストされたリソースが一時的に移動している
303	See Other	他のリソースを参照せよ
304	Not Modified	リクエストされたリソースが更新されていない
307	Temporary Redirect	リクエストされたリソースが一時的に移動している
308	Permanent Redirect	リクエストされたリソースが恒久的に移動している

　ステータスごとに、どのような点に留意するべきなのかを詳しく見ていきましょう。

■ 一時的な移動と恒久的な移動

　`302 Found`や`307 Temporary Redirect`は、なんらかの理由によりリクエストされたリソースが一時的に移動していることを示すステータスで、将来的には元のURLが利用可能になることが期待できます。そのため、次回以降のアクセスでは、リダイレクト先のURLではなく、元のURLを使用するべきです。

　また、`303 See Other`は、必ずしも元のリクエストでアクセスしたURLが移動したものというわけではなく、前述の更新処理後のPost-Redirect-Getパターンやトラッキングログの記録などの目的で使用されます。この場合、次回以降のアクセスに元のURLを使用するべきか、リダイレクト先のURLを使用するかは悩ましいところです。Webサイトの構造や、クロール時の要件によって判断する必要があるでしょう。

　これに対し、`301 Move Permanently`や`308 Permanent Redirect`は、リソースが恒久的に移動していることを示すステータスで、たとえばWebサイトそのものや、リクエストされたページのURLが変更された場合などに用いられます。この場合、次回からのアクセスにはリダイレクト先のURLを使用するべきです。また、もしクローラーが該当のURL自体をデータベースなどに保存している場合は、リダイレクト先のURLに更新するべきです。

■ メソッドの変更が許されているかどうか

301 Move Permanentlyと308 Permanent Redirect（恒久的な移動）、302 Foundと307 Temporary Redirect（一時的な移動）は同じ意味に思えますが、次のような違いがあります。

- 301 Move Permanently、302 Found
  POSTメソッドでのリクエストの場合でもリダイレクト先のURLに対してはGETメソッドでリクエストを送信する。
- 307 Temporary Redirect、308 Permanent Redirect
  リダイレクト時にメソッドを変更してはならず、POSTメソッドでのリクエストの場合はPOSTメソッドでリダイレクト先のURLにリクエストを送信する。

つまり、307と308の場合は、元のURLに対して送信されたリクエストをそのままリダイレクト先のURLに転送する必要があるということになります。

> **memo** ▶ 302 Foundと307 Temporary Redirectの違い
>
> 302 Foundと307 Temporary Redirectは同じ意味のように思えますが、これには歴史的経緯があります。もともと302は、Moved Temporarilyという、現在の307と同じ意味を示すステータスでした。しかし、実際には、POSTメソッドでのデータ更新後のリダイレクトといったリソースの移動を示すわけではない用途にも、302が乱用されることになってしまいました。
> そこで、
>
> - 他のURLにリダイレクトするための303 See Other
> - 本来の302が示すはずだったリソースの一時的な移動を示す
>   307 Temporary Redirect
>
> という2つのステータスが新たに導入され、302はFoundというステータスに変更されたのです。現在ではレスポンスの目的をはっきりと示すため、302ではなく303 See Otherか307 Temporary Redirectのいずれかを目的に応じて使い分けるべき、とされています。

■ クローラーでのリダイレクトの扱い方

　HTTPアクセス用のクライアントライブラリは、リダイレクトに対応している場合が多く、デフォルトの設定でリダイレクト後のコンテンツを取得できます。たとえば、リスト2.9のコードでは、`http://www.google.com/`に対してリクエストを送信し、最終的に受け取ったレスポンスのURL情報を出力しています。

リスト2.9　クローラーでのリダイレクト
```java
Response res = Jsoup.connect("http://www.google.com/").execute();
System.out.println(res.url());
```

　実行結果は次のようになり、いくつかのクエリ文字列が付与されたhttpsのURLにリダイレクトされていることがわかります。

実行結果
```
https://www.google.co.jp/?gfe_rd=cr&ei=21PFWKzTDsWQ8QeIwZCIAg&gws_rd=ssl
```

　リダイレクトを行いたくない場合は、`followRedirects(false)`を指定します（リスト2.10）。

リスト2.10　リダイレクトを行いたくない場合
```java
Response res = Jsoup.connect("http://www.google.com/").
followRedirects(false).execute();
// ステータスコードを表示
int statusCode = res.statusCode();
System.out.println("Status: " + statusCode);
// Locationヘッダを表示
String location = res.header("Location");
System.out.println("Location: " + location);
```

　すると、実行結果は次のようになります。ステータスが302、リダイレクト先がLocationヘッダで指定されたレスポンスが返されていることがわかります。

実行結果
```
Status: 302
Location: http://www.google.co.jp/?gfe_rd=cr&ei=f1TFWOmFL8KQ8Qfj-ZjoBA
```

■ metaタグによるリダイレクト

　HTTPで3xx系のステータスを返すのではなく、リスト2.11のようにHTML内の`meta`タグでリダイレクトを行うWebサイトもあります。最近はあまり見なくなりましたが、HTMLのホスティングしかできずレスポンスステータスを自由に設定できないレンタルサーバで運用されているWebサイトでありがちな実装です。

リスト2.11　HTML内の`meta`タグによるリダイレクト　　　　　　　　　　　　　　`HTML`
```
<!-- 5秒後にhttp://www.example.comにリダイレクト -->
<meta http-equiv="refresh" content="5;URL=http://www.example.com">
```

　HTTPアクセス用のライブラリは、このような`meta`タグでのリダイレクトには対応していないものがほとんどです。そのため、もし`meta`タグでのリダイレクト先までクロールしたいという場合には、リスト2.12のようにして、自力で`meta`タグからリダイレクト先のURLを取り出す必要があります。

リスト2.12　`meta`タグからリダイレクト先のURLを取り出す　　　　　　　　　　　　`Java`
```
Document doc = Jsoup.connect("http://www.example.com/").get();

// metaタグを取得
Elements elements = doc.select("meta[http-equiv=refresh]");
// content属性の値を取得
String value = elements.attr("content");
// content属性の値が取得できたらURLを抽出
if(value.length() > 0){
    // 「;」で分割後、後半部分をさらに「=」で分割してURLを抽出
    String url = value.split(";")[1].split("=")[1].trim();
    ...
}
```

■ canonicalが示す本来のURL

　リダイレクトとは異なりますが、URLが変更された際などによく利用されるのが`canonical`です。`canonical`は、そのリソース本来のURLを示すもの（`link`要素の中で使われる属性値）で、2009年頃からインターネット上の大手検索エンジンによってサポートされています。同じコンテンツを複数の

URLで提供している場合、リスト2.13のようにHTMLのhead要素内にlinkタグを含めることで、どのページが本来のコンテンツなのかを示すことができます（図2.9）。

リスト2.13　canonicalで本来のURLを示す
```html
<link rel="canonical" href="http://example.com/">
```

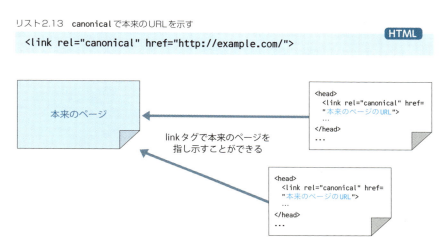

図2.9　canonicalで本来のURLを示すことができる

たとえば、クロールしたHTMLをインデックスする場合、そのページのURLはcanonicalで指定されたものを採用するべきです。canonicalで指定されたURLが同一の場合、それらは同一のコンテンツであると判断し重複してインデックスするべきではありません。また、canonicalで指し示された本来のページと内容が異なる場合は、本来のページを優先して採用するべきです。ただし、canonicalに記述されているURLが間違っている場合もあるので注意が必要です。そもそも不正なURLが記述されていたり、記述されているURLが存在しない場合もあります。

2-4　HTTPヘッダの調整

図2.2で見たように、HTTPリクエスト・レスポンスには「ヘッダ」が存在

します。クロールを行う際にリクエストヘッダに適切な値をセットしたり、逆にレスポンスヘッダの値によって処理を分ける必要がある場合があります。

　HTTPヘッダには様々なものがありますが、リクエストとレスポンスの両方で使われる共通ヘッダ、リクエストでのみ使用されるリクエストヘッダ、レスポンスでのみ使用されるレスポンスヘッダ、そしてリクエスト・レスポンス問わずエンティティ（ボディで送信するデータ）に対して使用されるエンティティヘッダがあります。主なHTTPヘッダの一覧を**表2.5**に示します。

表2.5　主なHTTPヘッダ

■一般ヘッダ

ヘッダ	説明
Cache-Control	キャッシュの動作を指定する
Connection	通信後にTCPコネクションを切断するかどうか
Date	リクエストまたはレスポンスの生成日時
Pragma	データのキャッシュなどの追加情報
Transfer-Encoding	ボディで送信するデータのエンコーディング方式

■リクエストヘッダ

ヘッダ	説明
Accept	クライアントの受け入れ可能なコンテンツタイプ
Accept-Charset	クライアントの受け入れ可能な文字セット
Accept-Encoding	クライアントの受け入れ可能な文字エンコーディング
Accept-Language	クライアントの受け入れ可能な言語
Authorization	クライアントの認証情報
Cookie	クッキーをサーバに送信する
From	リクエスト送信者のメールアドレスなど
Host	サーバ名（プロキシやバーチャルドメインを使用している場合の判別に使用される）
If-Match	指定したETag（エンティティヘッダ）にマッチする場合のみリクエストを実行
If-Modified-Since	リソースが指定した日時以降に更新されていた場合のみリクエストを実行
If-None-Match	指定したETagにマッチしない場合のみリクエストを実行
If-Range	Rangeで指定した範囲がETagにマッチする場合は残りの部分を、マッチしない場合は全体を要求

ヘッダ	説明
If-Unmodified-Since	リソースが指定した日時以降に更新されていない場合のみリクエストを実行
Proxy-Authorization	プロキシに対する認証情報
Range	リソースの一部分を要求する
Referer	直前のページのURL
User-Agent	ブラウザの種類やバージョン

■レスポンスヘッダ

ヘッダ	説明
Age	ボディで送信するデータの経過時間（秒単位）
Accept-Ranges	部分データを返すことが可能かどうか
Allow	URLに対して使用可能なメソッド
Location	リソースの場所
Proxy-Authenticate	プロキシで認証が必要なことを示す
Retry-After	次にリクエストを送信するまでに待つべき時間
Set-Cookie	ブラウザにクッキーを設定する
Server	サーバのソフトウェア名やバージョンなどの情報
Vary	指定したヘッダの内容ごとにキャッシュを分ける必要があることを示す
WWW-Authenticate	認証が必要なことを示す

■エンティティヘッダ

ヘッダ	説明
Allow	リソースに対して使用可能なメソッド
Content-Encoding	ボディで送信するデータのエンコーディング
Content-Language	ボディで送信するデータの言語
Content-Length	ボディで送信するデータのバイト長
Content-Location	ボディで送信するデータの場所
Content-MD5	ボディで送信するデータのMD5ハッシュ
Content-Range	ボディで送信するデータの範囲
Content-Type	ボディで送信するデータのコンテンツタイプ
ETag	リソースとそのバージョンを一意に識別するための値
Expires	ボディで送信するデータの有効期限
Last-Modified	ボディで送信するデータの最終更新日時

Jsoupでは、**リスト2.14**のようにしてリクエストのヘッダを設定したり、レスポンスのヘッダを参照したりできます。

リスト2.14　リクエストヘッダの設定とレスポンスヘッダの参照

```java
Map<String, String> reqHeaders = new HashMap<>();
reqHeaders.put("User-Agent", "SampleCrawler");

Response res = Jsoup.connect("http://www.google.com/")
    // 単一のリクエストヘッダを設定
    .header("User-Agent", "SampleCrawler")
    // Map<String, String>で複数のヘッダをまとめて設定可能
    .headers(reqHeaders)
    // 一部のヘッダは専用の設定用メソッドもあり
    .userAgent("SampleCrawler")
    .execute();

// 単一のレスポンスヘッダを取得
String value = res.header("Content-Type");
// 複数のヘッダをMap<String, String>でまとめて取得可能
String contentType = res.contentType();
// 一部のヘッダは専用の取得用メソッドもあり
Map<String, String> resHeaders = res.headers();
```

　ここでは、適切にクロールを行う上でHTTPヘッダを意識する必要のあるケースについて見ていきます[5]。

> **memo　拡張HTTPヘッダ**
>
> 　HTTPリクエスト・レスポンスには、**表2.5**のHTTPヘッダ以外にも、X-で始まる拡張HTTPヘッダが含まれることがあります。これはHTTPの仕様で決められたものではなく、特定のクライアントやサーバが独自に規定して使用しているものです。
>
> 　たとえば、標準的に使用されている拡張HTTPヘッダとして**X-Forwarded-Proto**があります。これは、クライアントからWebサーバへのアクセスにロードバ

---

[5] **Content-Type**ヘッダを使用した文字コード判定についてはChapter 3「文字化けと戦う」、**Authorization**ヘッダを使用したBASIC認証についてはChapter 5「認証を突破せよ！」、**Cache-Control**や**Last-Modified**、**ETag**などのヘッダを使用したクロールの効率化についてはChapter 6「クローリングの応用テクニック」でそれぞれ取り上げるため、ここでは触れません。

ランサーなどのプロキシを挟む場合に使用されるものです。このような構成の場合には、クライアントとロードバランサー間の通信がHTTPSで行われていても、ロードバランサーとバックエンドのWebサーバ間の通信はHTTPで行われるのが一般的です。しかし、バックエンドのWebサーバでクライアントとの通信がHTTPSで行われているかどうかを判定するために、プロキシによって**X-Forwarded-Proto**ヘッダが付与されます（**図2.A**）。

図2.A　ロードバランサー経由のHTTPS通信

バックエンドのWebサーバでは、このヘッダをチェックすることで、クライアントとの通信がHTTPSで行われているかどうかをチェックできます。

クローラーのユーザーエージェント

ユーザーエージェント（**User-Agent**ヘッダ）は、アクセスしているブラウザの種類やバージョンなどを表すヘッダです。たとえば、Chromeの場合、次のようなユーザーエージェントを**User-Agent**ヘッダとして送信しています。

Chromeのユーザーエージェント
```
User-Agent: Mozilla/5.0 (Windows NT 6.1) AppleWebKit/537.36 (
KHTML, like Gecko) Chrome/41.0.2228.0 Safari/537.36
```

主なブラウザのユーザーエージェントを**表2.6**に示します。

表2.6 主なブラウザのユーザーエージェント

ブラウザ	ユーザーエージェント
Chrome	Mozilla/5.0 (Windows NT 6.1) AppleWebKit/537.36 (KHTML, like Gecko) Chrome/41.0.2228.0 Safari/537.36
Firefox	Mozilla/5.0 (Windows NT 6.1; WOW64; rv:40.0) Gecko/20100101 Firefox/40.1
Safari	Mozilla/5.0 (Macintosh; Intel Mac OS X 10_9_3) AppleWebKit/537.75.14 (KHTML, like Gecko) Version/7.0.3 Safari/7046A194A
Edge	Mozilla/5.0 (Windows NT 10.0; Win64; x64) AppleWebKit/537.36 (KHTML, like Gecko) Chrome/42.0.2311.135 Safari/537.36 Edge/12.246
IE 11	Mozilla/5.0 (Windows NT 6.1; WOW64; Trident/7.0; AS; rv:11.0) like Gecko

プログラムでHTTPリクエストを送信する場合、デフォルトでは使用しているHTTPクライアントライブラリを示すユーザーエージェントが設定されていることが多いです。たとえば、curlコマンドは、デフォルトでは次のようなユーザーエージェントを使用します。

curlコマンドのユーザーエージェント
```
User-Agent: curl/7.37.1
```

クローラーを運用するのであれば、ライブラリ標準のユーザーエージェントをそのまま使うのではなく、クロールされるWebサイトのオーナーに「どの事業者がどういったサービスのために運用しているクローラーなのか」がきちんと伝わるユーザーエージェントを設定するのが望ましいです。たとえば、Googleのクローラーでは、次のようなユーザーエージェントが使用されています。

Googleクローラーのユーザーエージェント
```
Mozilla/5.0 (compatible; Googlebot/2.1; +http://www.google.com/bot.html)
```

ユーザーエージェントにURLが含まれていますが、これはクローラーに関する説明ページのURLです（**図2.10**）。

図2.10　Googlebotの説明ページ

　多くのクローラーはGooglebotと同じようにユーザーエージェントにクローラーに関する説明ページのURLが含まれています。これらのページにはクローラーの運用者や、クロールした情報をどのような目的で使用しているか、クロールを拒否するための方法などが記載されています。クローラーが必要以上の負荷をかけてしまった場合や、クロールした情報を不本意な用途に使用されていた場合など、クロール先サイトの運営者がクローラーを快く思わないことは大いに考えられます。特に不特定多数のWebサイトに対して定常的にクロールを行う場合、クローラーの説明用ページを用意しておくことはクロール先サイトに対するマナーといえます。

　クローラーを作成する際に注意したいのは、クローラー用のライブラリはデフォルトでは固定のユーザーエージェントを送信してしまうということです（ユーザーエージェントを送信しないものもあります）。

　Jsoupは、デフォルトでは次の**User-Agent**ヘッダを送信します。

Jsoupのユーザーエージェント
```
Mozilla/5.0 (Macintosh; Intel Mac OS X 10_11_6) AppleWebKit/
537.36 (KHTML, like Gecko) Chrome/53.0.2785.143 Safari/537.36
```

　独自のユーザーエージェントを設定する場合はリスト2.15のようにします。

リスト2.15　独自ユーザーエージェントを設定する（Jsoupの場合）　　　　　　　　　　　Java

```java
// ユーザーエージェントを指定（Jsoupの場合）
Connection conn = Jsoup.connect(url);
conn.userAgent("MyCrawler");
```

crawler4jは、デフォルトでは次の**User-Agent**ヘッダを送信します。

crawler4jのユーザーエージェント
```
crawler4j (https://github.com/yasserg/crawler4j/)
```

独自のユーザーエージェントを設定する場合はリスト2.16のようにします。

リスト2.16　独自ユーザーエージェントを設定する（crawler4jの場合）　　　　　　　　Java

```java
// ユーザーエージェントを指定（crawler4jの場合）
CrawlConfig config = new CrawlConfig();
config.setUserAgentString("MyCrawler");
```

　クローラーはインターネット上のコンテンツを収集するものであり、コンテンツ提供者の存在なしには成り立ちません。大規模なクローラーを運用する場合はそれを忘れずに、クロール先サイトの意向を尊重するとともに、きちんと説明責任を果たすようにしましょう。

■ サーバサイドでクローラーかどうかを判定する

　Webサイトを提供（制作）する側の立場では、リクエストがクローラーによりものかどうかを判定したいことがあります。クローラーかどうかが判定できれば、たとえば一般のユーザーへのレスポンスに影響が出ないよう、クローラーからのリクエストを別のサーバに処理させたりといったことができます。

　サーバサイドでリクエストがクローラーによるものかどうかを判定するには、**User-Agent**ヘッダが第一の手がかりになります。ただし、クローラーのユーザーエージェントは多岐にわたるため、いちいち列挙するのは大変です。このような場合は、ユーザーエージェントがクローラーによるものかどうかを判定するためのライブラリを使用するよいでしょう。

　ここでは、Wootheeというライブラリを紹介します。

- Woothee

  https://github.com/woothee/woothee

　Wootheeは様々なプログラミング言語向けにユーザーエージェントのパーサライブラリを提供しており、もちろんJava版も提供されています。このライブラリを使用すると、リスト2.17のように簡単にユーザーエージェントがクローラーによるものかどうかを判定することができます。

リスト2.17　Wootheeでユーザーエージェントがクローラーによるものかどうかを判定する

```java
import is.tagomor.woothee.Classifier;

String userAgent = ...
boolean isCrawler = Classifier.isCrawler(userAgent);
```

　もちろんユーザーエージェントが設定されていなかったり、通常のブラウザのものに偽装されている場合もあります。その場合は`User-Agent`ヘッダだけでなく、アクセス元のIPアドレス、送信してくるリクエストの内容、リクエストパターンなどから判定する必要があります。

クッキーを引き継がないとクロールできないWebサイト

　HTTPはステートレスなプロトコルです。ひとつひとつのリクエスト・レスポンスが独立しているため、前回のリクエストの情報を引き継ぐということは基本的にできません。しかし、Webアプリケーションでは複数のリクエストをまたいで情報を共有したいという場合ももちろんあります。

　たとえば、オンラインショッピングサイトでショッピングカートに追加した商品は別の画面に遷移しても消えてしまうことはありませんし、会員制のWebサイトに一度ログインするとログアウトするまでの間は認証状態は維持されます。このような場合に用いられるのが「クッキー（Cookie）」です。クッキーは、Webページなどでブラウザに情報を一時的に保存するための仕組みです。

まずはクッキーの仕様について見ていきましょう。クッキーはリクエスト、レスポンスのヘッダを用いて図2.11のような流れでやり取りされます。

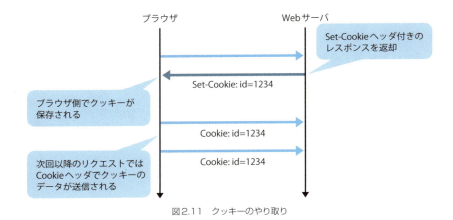

図2.11　クッキーのやり取り

　一度サーバからクッキーを送信すると、以後ブラウザはリクエストの都度、その値をサーバに対して送信します。実際のWebサイトではクッキーに「セッションID」と呼ばれるクライアント識別用のIDを持たせ、そのIDと紐付けてサーバ側でショッピングカートの内容や認証情報などを管理しているケースが多いです。

> **memo ▶ ステートレスとステートフル**
>
> 　HTTPのようにサーバが状態を持たないプロトコルを「ステートレスなプロトコル」といいます。これに対し、FTPのようにサーバが状態を持ち、クライアントと対話的な通信を行うプロトコルを「ステートフルなプロトコル」といいます。

■ クッキーを引き継ぐ

　Webサイトによっては、特定のクッキーを送信しないとうまく画面遷移ができないものもあります。クッキーはデータ収集目的でユーザーを識別するために使ったり、サーバサイドセッションとの紐付けを行うために使います。

たとえば、Javaサーブレットを使用したWebアプリケーションではJSESSIONIDというクッキーでセッションIDのやり取りを行いますし、Ruby on Railsではデフォルトでは_application_sessionというクッキーに暗号化した状態でセッションデータを格納します。

画面間で持ち回る必要のある情報をクッキーやサーバサイドセッションに格納している場合など認証が不要なWebサイトでも、クッキーが有効になっていないとうまく動作しないWebサイトがあります[※6]。

Jsoupで前回のリクエストで返却されたクッキーを次のリクエストに引き継ぐには、**リスト2.18**のようなプログラムが必要になります。

リスト2.18　Jsoupで前回のリクエストで返却されたクッキーを次のリクエストに引き継ぐ

```java
// 初回のリクエストを送信
Response res = Jsoup.connect(url1).execute();
// 返却されたクッキーを取得
String sessionId = res.cookie("JSESSIONID")

// 返却されたクッキーをセットして次のリクエストを送信
Document doc = Jsoup.connect(url2).cookie("JSESSIONID", sessionId).get();
```

Jsoupではこのように明示的にクッキーを引き継ぐコードを記述する必要がありますが、ライブラリによってはこのような面倒なことをしなくても自動的にクッキーを引き継いでくれるものもあります。

また、逆に一定時間以上同じクッキーを引き継いでいると、エラーになるWebサイトもあります。これは、Webサイトに無用な負荷をかけないようにするため、機械的に大量のアクセスを長時間送り続けてくるクローラーを防ぐための措置である可能性があります。このような場合は、リクエストの間隔を長くする、クロール頻度を低くするなど、クロール先のWebサイトに負荷をかけないような工夫をしてみるとよいでしょう。

国際化されたWebサイトをクロールする

グローバル企業のWebサイトや、多言語に対応したWebサービスでは

※6　認証が必要なWebサイトにおける処理についてはChapter 5「認証を突破せよ！」で詳しく説明します。

Webサイト自体が国際化されています。Webサイトの国際化には次のような手法があり、それぞれクロール手法が異なります。

①地域や言語ごとに異なるドメインやURLでコンテンツを提供する
②リクエストのAccept-Languageヘッダを見て、返すコンテンツを切り替える

①は静的なWebサイトや、ニュースなど地域や言語ごとに異なったコンテンツを提供する必要がある場合に用いられることが多く、②は多言語対応のWebサービスなどでユーザーインターフェースの言語を切り替える必要がある場合などに用いられることが多いようです。
それぞれのクローラーの対処方法を見ていきましょう。

■ 地域や言語ごとに異なるドメインやURLで提供されている場合

通常のWebサイトと同じように地域や言語ごとに独立したWebサイトとして扱うことができるため、特に難しいことは考えず普通にクロールできます。

グローバル企業のWebサイトなどでは各国の現地法人によってWebサイトが運用されている場合もあり、地域によってWebサイトの作りが大幅に異なったり、負荷に対する耐久力が異なる可能性があるため、同一企業のWebサイトだからといって同一視せず、別のWebサイトとして考えたほうがよいケースもあります。

■ Accept-Languageヘッダで切り替えられている場合

Accept-Languageは、ブラウザがサーバに期待する言語を伝えるためのヘッダです。たとえば、リクエストが次のようなヘッダを含んでいたとします。

```
Accept-Language: ja
```

この場合、「クライアントは日本語のリソースを要求している」ということになります。1つの国の中でも地域によって複数の言語が存在する場合は、zh-CN、zh-TWのように言語と地域を指定したり、次のようにカンマで区切っ

て複数の言語を指定することもできます。

```
Accept-Language: ja,en
```

また、`ja;q=1.0`のようにして0～1の数値で優先度を指定することもできます（1が最優先で、省略した場合は1を指定したものとみなされます）。

```
Accept-Language: ja,en-US;q=0.8,en;q=0.6,cs;q=0.4
```

ブラウザでは、設定で`Accept-Language`ヘッダで送信する内容を切り替えることができます。Chromeでは、［環境設定］メニューで表示される「設定」タブの一番下にある［詳細設定を表示...］をクリックし、「言語」の項で言語の優先度を設定できます（図2.12）。

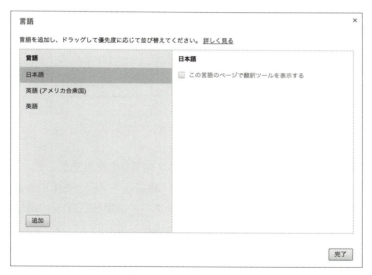

図2.12　Chromeでの言語設定

`Accept-Language`ヘッダによってレスポンスを出し分けているWebサイトに対しては、クロール時も目的の言語でレスポンスを取得するために適切な値を設定する必要があります。

なお、`Accept-Language`ヘッダではなく、アクセス元のIPアドレスを参照してユーザーの地域を特定し、返却するコンテンツを変更しているWebサイトもあります。このような場合は、その地域のサーバでクローラーを稼働させたり、その地域のプロキシサーバを経由してアクセスするといった対応が必要になります。

2-5 プロキシ経由でのクロール

クローラーに限った話ではありませんが、プロキシサーバ経由でリクエストを送信したい場合もあります（図2.13）。

図2.13　プロキシ経由のHTTPアクセス

もちろんブラウザでも設定を行うことでプロキシを使用できます。Chromeでは、［環境設定］メニューで表示される「設定」タブの一番下にある［詳細設定を表示...］をクリックし、「ネットワーク」の項でHTTPでの通信に使用するプロキシサーバを選択できます（図2.14）。

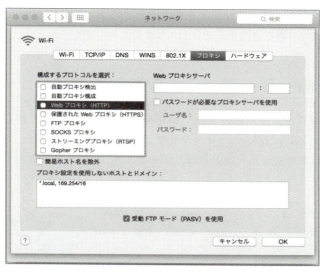

図2.14 Chromeのプロキシ設定

では、プロキシを使用する場合、実際のHTTPの通信内容はどのようになっているのでしょうか？

プロキシ使用時のHTTP通信の内容

プロキシを使用する場合、クライアントはアクセス対象のサーバではなくプロキシサーバに対してリクエストを送信します。通常、リクエストのリクエストラインでは、次のようにアクセスするリソースのパスを送信します。

```
GET /index.html HTTP/1.1
```

しかし、プロキシを経由する場合、これだけだとリクエストを中継するプロキシサーバがどのサーバにアクセスしてよいかがわからないため、次のように絶対URLを送信します。

```
GET http://example.com/index.html HTTP/1.1
```

また、プロキシサーバが認証を要求する場合は、`Proxy-Authorization`ヘッダで認証情報を送信する必要があります。

クローラーでプロキシを使用する

前項でプロキシ使用時のHTTP通信の内容を確認しましたが、実際にクローラーを作成する場合はライブラリなどが処理してくれるので、あまり意識する必要はありません。たとえば、Jsoupでは、使用するプロキシサーバを`proxy()`メソッドで指定できます（リスト2.19）。

リスト2.19　使用するプロキシサーバを`proxy()`メソッドで指定する　　Java

```java
Response res = Jsoup.connect("http://example.com/")
  .proxy("127.0.0.1", 8080)
  .method(Method.GET)
  .execute();
```

ただし、この方法では認証情報をセットすることができません。JsoupはHTTP通信にJava標準ライブラリの`HttpURLConnection`を使用しているため、リスト2.20のように事前にシステムプロパティでプロキシを設定できます。HTTPの場合とHTTPSの場合で別々に設定する必要があります。

リスト2.20　システムプロパティでプロキシを設定する　　Java

```java
// HTTPの場合
System.setProperty("http.proxyHost", "127.0.0.1");
System.setProperty("http.proxyPort", "8080");
System.setProperty("http.proxyUser", "username");
System.setProperty("http.proxyPassword", "password");

// HTTPSの場合
System.setProperty("https.proxyHost", "127.0.0.1");
System.setProperty("https.proxyPort", "8080");
System.setProperty("https.proxyUser", "username");
System.setProperty("https.proxyPassword", "password");
```

Javaのシステムプロパティは、リスト2.21のようにJava VMの起動時にコマンドラインオプションで指定することもできます。

リスト2.21　Java VM起動時にシステムプロパティを指定することもできる

```
$ java -Dhttp.proxyHost=127.0.0.1 -Dhttp.proxyPort=8080 ➡
jp.co.bizreach.crawler.SampleCrawler
```

　システムプロパティで設定を行う場合、同一のJava VM上で行われるHTTP通信すべてにプロキシが使用されるという点に注意してください（Jsoupを使用していなくても`HttpURLConnection`を使っていればプロキシが適用されます）。

　対象のサーバや処理に応じて使用するプロキシサーバを切り替えたいといった用途に使用することは難しいでしょう。

　プロキシサーバの指定方法はプログラミング言語や使用するライブラリなどによって異なるので、Jsoup以外のライブラリを使用する場合は、そのライブラリのドキュメントなどを参照してください。

> **memo　curlコマンドでプロキシを使用する**
>
> `curl`コマンドでは、以下のように`-x`オプションでプロキシを指定します。
>
> ```
> $ curl -x 127.0.0.1:8080 -XGET http://www.example.com/
> ```

2-6　SSL通信時のエラー

　SSL（Secure Sockets Layer）は、主にインターネットなどコンピュータ間での通信において、認証、暗号化、改ざんの検出などの機能を提供するプロトコルです。以前は、個人情報やパスワード、決済情報などセキュリティ上重要な情報を入力する画面だけがSSL化されることが多かったのですが、近年、情報セキュリティが重視されるようになっており、すべてのページをSSL化することが推奨されています。

　WebサイトをSSL化するには、信頼できる認証局によって発行されたSSL

証明書を購入する必要があります。しかし、AWSでは条件付き[※7]ながら無料でSSL証明書を取得できるほか、無料でSSL証明書を発行できる「Let's Encrypt」というサービス[※8]もあり、以前と比べるとSSL導入の敷居は下がってきています。

厳密には、現在使用されているのはSSLではなく、TLS（Transport Layer Security）と呼ばれるプロトコルです。しかし、TLSの元になったプロトコルであるSSLという名称が広く普及しており、TLSを指してSSLと呼ぶことが多くなっています。本書でも、SSLとTLSを特に区別する場合を除き、SSLと表記します。

なお、SSLを使用したプロトコルとして、HTTPS以外にもFTPと組み合わせたFTPS、IMAPやPOP3と組み合わせたIMAPS、POP3Sなどがあります。

SSLのバージョン

SSL（TLS）には、表2.7のバージョンがあります。

表2.7　SSL（TLS）のバージョン

バージョン	年	備考
SSL 1.0	未発表	ネットスケープ社が設計したものの設計段階で脆弱性があることが判明し破棄された
SSL 2.0	1994年	―
SSL 3.0	1995年	―
TLS 1.0	1999年	SSL 3.0をベースに標準化されたもの
TLS 1.1	2006年	―
TLS 1.2	2008年	―
TLS 1.3	仕様策定中	2017年仕様化完了予定。名称についてはTLS 2.0とすることも検討されている

※7　AWS上のElastic Load BalancingやCloudFrontでのみ利用可能。
※8　こちらも「90日ごとに更新が必要」という条件付き。https://letsencrypt.org/

SSLはもともとネットスケープコミュニケーションズ社が独自に設計したプロトコルでしたが、TLS 1.0からはIETF（Internet Engineering Task Force）のTLSワーキンググループで標準化が行われています。

　SSL 3.0までのバージョンはすでにRFCによって使用が禁止されており、現在はTLSのみ利用されています。さらに、クレジット決済システムにおけるセキュリティ標準を定めるPCI SSCによると、TLS 1.0はすでに非推奨とされています。

　プログラミング言語から利用可能な通信ライブラリでも、TLS 1.0はデフォルトで無効になっている場合があります。ただし、古いWebサイトではごく一部ではありますが、現在でもTLS 1.0でないと通信ができないサイトが存在します。また、Androidの古いバージョンでは標準ブラウザがTLS 1.0しかサポートしていないこともあり、Webサイト側でもTLS 1.0を無効化できないといった事情がある場合もあります。クローリング中にSSLでの通信でエラーが発生する場合は、念のためTLSのバージョンも確認するとよいでしょう。

SSL対応サイトのクロール

　さて、クローラーでは、SSLをどのように扱えばよいのでしょうか？

　一般的なプログラミング言語のHTTP通信ライブラリはSSLをサポートしてるので、基本的には特に意識せずに`https://`で始まるURLをライブラリに与えるだけで問題ありません。しかし、社内向けサービスなどでは、主にコスト面の理由から、まれに"自前で発行したSSL証明書"で暗号化を行っているWebサイトがあります（このような証明書を俗に「オレオレ証明書」と呼びます）。オレオレ証明書は、信頼された認証局によって発行されたものではないため、ブラウザでアクセスすると図2.15のような警告が表示されます。

図2.15　信頼できないSSL証明書の場合

Chromeでは、図2.16〜図2.17の手順でSSL証明書の情報を確認できます。デベロッパーツールの「Security」タブでは、TLSのバージョンなども確認できます。

図2.16　SSL証明書の確認（1）

図2.17　SSL証明書の確認（2）

このようなSSL証明書の場合、プログラムからアクセスする際も証明書の検証に失敗します。たとえば、Javaプログラムであれば次のような例外が発生するはずです。

実行結果

```
Exception in thread "main" javax.net.ssl.SSLHandshakeException: ➡
sun.security.validator.ValidatorException: PKIX path building failed: ➡
sun.security.provider.certpath.SunCertPathBuilderException: unable to ➡
find valid certification path to requested target
    at sun.security.ssl.Alerts.getSSLException(Alerts.java:192)
    at sun.security.ssl.SSLSocketImpl.fatal(SSLSocketImpl.java:1917)
    at sun.security.ssl.Handshaker.fatalSE(Handshaker.java:301)
    ...
```

Javaでは、実行環境の信頼済みキーストアに証明書を追加することで、このようなエラーを回避できます。キーストアに証明書を追加するには、Javaに付属するkeytoolコマンドを使用します（**リスト2.22**）。

リスト2.22　キーストアに証明書を追加する

```
keytool -importcert -v -trustcacerts -file /path/to/cert.crt ➡
-keystore $JAVA_HOME/jre/lib/security/cacerts
```

　また、Jsoupでは、**リスト2.23**のようにオプションでSSL証明書の検証を行わないよう設定することもできます。

リスト2.23　SSL証明書の検証を行わないようにする　　　　　　　　　　　`Java`

```
Response res = Jsoup.connect("https://example.com/")
  .validateTLSCertificates(false) // SSL証明書の検証を行わない
  .execute();
```

　積極的に推奨できる方法ではありませんが、オレオレ証明書で運用されているWebサイトをどうしてもクロールする必要がある場合はこれらの方法も検討するとよいでしょう。

JavaのAESのキー長の問題

　Javaでは米国の輸出規制により、デフォルトでは暗号化機能が制限されており、SSLで使用されているAESでは128ビットのキー長（AES128）までしか使用できません。そのため、サーバが256ビットのキー（AES256）を使用している場合、次のような例外が発生してしまいます。

実行結果

```
javax.net.ssl.SSLException: Received fatal alert: handshake_failure
    at sun.security.ssl.Alerts.getSSLException(Alerts.java:208)
    at sun.security.ssl.SSLEngineImpl.fatal(SSLEngineImpl.java:1666)
    at sun.security.ssl.SSLEngineImpl.fatal(SSLEngineImpl.java:1634)
    at sun.security.ssl.SSLEngineImpl.recvAlert(SSLEngineImpl.java:1800)
    at sun.security.ssl.SSLEngineImpl.readRecord( ➡
SSLEngineImpl.java:1083)
    at sun.security.ssl.SSLEngineImpl.readNetRecord( ➡
SSLEngineImpl.java:907)
    at sun.security.ssl.SSLEngineImpl.unwrap(SSLEngineImpl.java:781)
    at javax.net.ssl.SSLEngine.unwrap(SSLEngine.java:624)
    ...
```

日本の場合は輸出規制に該当しないので、ポリシーファイルを別途ダウンロードし、Javaのデフォルトのポリシーファイルと差し替えることで、AES256も利用可能になります。

> **参考** Java暗号化アーキテクチャOracleプロバイダのドキュメント（JDK 8用）
> https://docs.oracle.com/javase/jp/8/docs/technotes/guides/security/SunProviders.html
>
> 差し替えるポリシーファイルは、次のURLからダウンロードできます。
> http://www.oracle.com/technetwork/java/javase/downloads/jce8-download-2133166.html

　ダウンロードしたzipファイルの中に入っている`US_export_policy.jar`と`local_policy.jar`を`JAVA_HOME/jre/lib/security`にコピーします。

　なお、SSLでのアクセスで問題が起きた場合の原因調査に便利なのが、米国Qualys社が運営するQualys SSL LABSのオンラインサービス「SSL Server Test」です。

- SSL Server Test
  https://www.ssllabs.com/ssltest/analyze.html

　SSL Server Testは、指定したURLに対してSSL関連の様々なテストを実行してWebサイトのセキュリティを評価するサービスですが（**図2.18**）、評価結果からSSLのバージョンや暗号化方式などを確認できます（**図2.19**）。

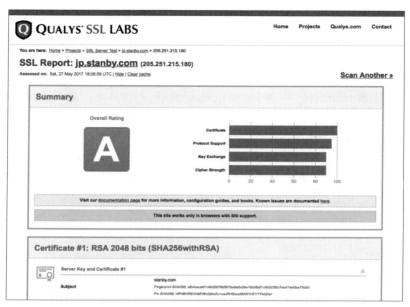

図2.18　SSL Server Testの実行結果

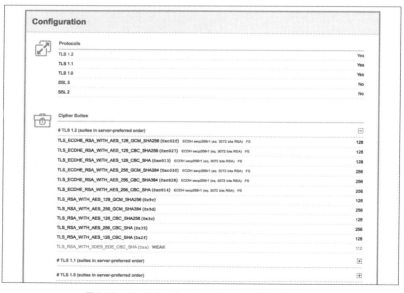

図2.19　SSLのバージョンや暗号化方式などを確認できる

2-7 HTTP/2

　2015年、HTTPの新バージョンであるHTTP/2がRFCとなりました。HTTP/2は、従来のHTTPと互換性を持ちつつ、高速に通信を行うための次世代プロトコルです。インターネットの普及、コンテンツのリッチ化に伴い、より高速に大量のデータをやり取りしたいという要求から登場したものです。

　大雑把にいえば、従来のHTTP/1.1では基本的に1つのコネクションで1リクエストしか同時に処理できなかったところを、1つのコネクションで複数のリクエストを並列処理できるようにしたのがHTTP/2です（図2.20）。厳密には、HTTP/1.1でも1コネクションで複数のリクエストを並列処理できる「HTTPパイプライン」という仕組みもありますが、サーバには「受け付けたリクエストと同じ順番でレスポンスを返さなくてはならない」という決まりがあり、あるリクエストの処理に時間がかかってしまうと後続のリクエストの処理も遅れてしまう問題がありました。また、HTTPパイプラインは、ブラウザとプロキシサーバの双方で対応が必要という課題もあり、広く利用されるまでには至っていません。

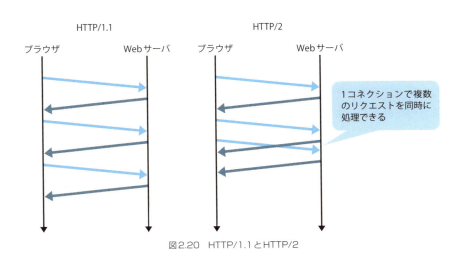

図2.20　HTTP/1.1とHTTP/2

この他にも、HTTP/2では1つのストリームがリソースを占有してしまわないようにするためのフロー制御や、クライアントからサーバに対してダウンロードの優先度を指定することもできるようになっています。また、従来のHTTPではコンテンツ（ボディ）をGZIP圧縮して通信のデータ量を減らすことができましたが、HTTP/2ではこれに加えてヘッダ部分も圧縮することが可能です。

HTTP/2は執筆時点では広く普及しているとはいえませんが、ブラウザの対応も進み、HTTP/2対応のサーバやCDNも使われるようになるなど普及の兆しを見せています。

> **memo ▶ CDN**
>
> CDN（Content Delivery Network）は、コンテンツをインターネット経由で高速に配信するためのネットワークです。CDN経由でコンテンツを配信することで、アクセスするユーザーの位置やトラフィックに応じて最適なサーバからレスポンスを返すことができます。

JavaでのHTTP/2の取り扱い

Java 9では、標準ライブラリとしてHTTPクライアントライブラリが追加されます。このライブラリは、HTTP/1.1、HTTP/2およびWebSocketをサポートしており、同期・非同期両方のAPIを備えています。また、OkHttpなど、サードパーティ製のライブラリではすでにHTTP/2をサポートしているものが存在します。

- OkHttp

    https://github.com/square/okhttp

すぐにHTTP/2を使用する必要がある場合は、これらのライブラリの利用を検討するとよいでしょう。

2-8 まとめ

　この章ではHTTPの仕様と、クロールする上で注意するべきことを見てきました。

　たとえクローラーが適切に振る舞っていたとしても、インターネット上にはHTTPの仕様に従ったレスポンスを返さないWebサイトも多くあるのが実情です。そのため、サーバからのレスポンスは基本的に信用できないと考えて対処することが必要になってきます。これはHTTPだけではなく、HTMLの記述方法などにもいえることです。

　とはいえ、そういったWebサイトに希少性のある情報が掲載されていることもあり、手間をかけてもクロールしたいという場合もあるはずです。うまくクロールできない場合は、常識にとらわれず、まずはWebサイトの作りや挙動をきちんと観察し直してみましょう。

CHAPTER 3

文字化けと戦う

- 3-1 クローリングと文字コード
- 3-2 どうして文字は化けるのか？
- 3-3 クライアントとサーバと文字化け
- 3-4 文字コードを適切に扱う
- 3-5 代表的な文字コード
- 3-6 文字コードにまつわる落とし穴
- 3-7 文字コードを推定するには？
- 3-8 まとめ

ブラウザでWebサイトを閲覧している際、文字が正しく表示されない現象、いわゆる「文字化け」に遭遇したことがある人は多いのではないでしょうか。クローリングに際しても、文字化けの問題はつきまといます。文字化けを起こしてしまったテキストは人が意味を理解できないだけでなく、検索して見つかるはずのデータが見つからなかったり、意図しないデータが表示されてしまうなどの問題を引き起こします。

この章では、まずは「どうして文字は化けるのか？」という疑問から出発し、そもそも「文字コード」とはどのような概念なのかを学んでいきます。次に、クローリングやインデキシング時に文字を適切に扱う方法についてJavaのコードを交えながら具体的に解説しつつ、Webサイトから文字コード情報を取得する方法や、データの正規化、サニタイジングなど、クロールを行う上で知っておきたいトピックについて触れていきます。

3-1 クローリングと文字コード

　最近ではめったに見かけなくなりましたが、一昔前まではWebページの内容が「蜈・繧梧崛繧上▲繝ｦ繧九��」や「ニ�、�ツリ、�、テ、ニ、�。チ」など意味不明な文字列として表示されてしまうことがしばしばありました。いわゆる「文字化け」です。

　「Webページのデータが破損しているのでは？」と思うかもしれませんが、そうではなく、Webページで使われている文字コードとブラウザが表示に用いた文字コードが一致しないために起きる現象、いわば解釈の問題です。Webページに使われた元の文字コードと違う文字コードで解釈をするのですから、内容が正しく表示されないのは当然のことです。

　図3.1は、UTF-8という文字コードが使われたページを、わざとShift_JISという文字コードで表示したときの様子です。

図3.1 文字化けの様子

　同じことがクローラーにもいえます。クローラーもWebブラウザと同じようにHTTPリクエストを送りレスポンスを受け取るため、原理的に文字化けとは無縁ではいられません。ブラウザの場合は高度な文字コード判別機能や推定機能が組み込まれており、利用者は普段、文字コードを意識する必要はありません。クローラーの制作者は、ブラウザと同等とまではいかずとも、Webサイトの文字コードを適切に扱う必要があります。

　また、クローラー用のライブラリの中には、日本語サイトでしばしば使われるShift_JISやEUC-JPといった文字コードを想定していないものもありますし、クロールしたデータをストレージに格納する際に文字コードまわりのトラブルが起きることもあります。

　このように、トラブルを回避し正しくクローリングを行う上で文字コードについての知識は欠かせません。

3-2 どうして文字は化けるのか？

　Webサイト制作の入門書などでは、「文字化けを防ぐため、正しく文字コード（大抵の場合UTF-8）を指定しましょう」と書かれているのをよく目にします。これはある種の"おまじない"のように思えてしまいますが、ここでは一歩踏み込んで「どうして文字は化けるのか」について見ていきましょう。

コンピュータと文字

　文字化けのメカニズムを知るには、まずコンピュータが文字をどのように扱っているかについて知る必要があります。

　そもそも「文字」とはなんでしょうか？

　アルファベットや漢字、ひらがな、ギリシャ文字、はたまた絵文字など、私たちのまわりには様々な文字が存在します。私たちは、この文字を使って記録を残したり、意味を読み取って情報をやり取りしているわけです。その意味で「文字とは、情報を記録・交換するための視覚的な表現である」といえそうです（もちろん点字など視覚的な表現によらない文字もありますが、形から意味を読み取るという点では同じです）。

　このように人間にとっては自然な「文字」という概念ですが、コンピュータにとってはそうではありません。コンピュータは0と1から成る表現、すなわちビット（bit）しか扱うことができません。そのため、コンピュータは文字を数値にマッピング（対応付け）して扱っています。たとえば、アルファベットの「a」は、2進数表現で**1100001**、10進数表現で**97**、16進数表現で**0x61**として扱う、といった具合です。このマッピングのルールを一般に「文字コード」と呼びます[1]。

　表3.1は、ASCIIと呼ばれる文字コードのコード表です。アルファベットや数字や記号をASCIIではどのような数値で表現するかが定義されています。

---

[1] 厳密には、文字コードは「符号化文字集合」と「文字符号化方式」の2つに区別されます。この章では、これらを区別せず、両者をあわせて「文字コード」と呼ぶことにします。

表3.1 ASCII

		上位ビット							
		0	1	2	3	4	5	6	7
下位ビット	0	NUL	DLE	(スペース)	0	@	P	`	p
	1	SOH	DC1	!	1	A	Q	a	q
	2	STX	DC2	"	2	B	R	b	r
	3	ETX	DC3	#	3	C	S	c	s
	4	EOT	DC4	$	4	D	T	d	t
	5	ENQ	NAK	%	5	E	U	e	u
	6	ACK	SYN	&	6	F	V	f	v
	7	BEL	ETB	'	7	G	W	g	w
	8	BS	CAN	(	8	H	X	h	x
	9	HT	EM	)	9	I	Y	i	y
	A	LF	SUB	*	:	J	Z	j	z
	B	VT	ESC	+	;	K	[	k	{
	C	FF	FS	,	<	L	\	l	|
	D	CR	GS	-	=	M	]	m	}
	E	SO	RS	.	>	N	^	n	~
	F	SI	US	/	?	O	_	o	DEL

青字は制御文字、黒字は図形文字

　表3.1に従って変換すると、「Hello」という文字列は、16進数表現では「0x48 0x65 0x6C 0x6C 0x6F」と表現されます。このように、ある文字列を数値に置き換えることを「符号化」といいます。また、この数値をもともとの文字列に変換することも可能です。これを「復号」といいます。

　ある文字コードで符号化された文字列を、別の文字コードで復号したらどうなるでしょうか？

　当然ながら文字と数値のマッピングがそれぞれ異なるので、結果は元の文字列と同じにはなりません（図3.2）。このように、ある文字コードで符号化された文字列を、誤って別の文字コードで復号した結果として起きるのが「文字化け」なのです。

図3.2 文字化けのメカニズム

> **memo** 文字集合と符号化文字集合、文字符号化方式
>
> 　文字コードについて調べると、「文字集合」や「符号化文字集合」「文字符号化方式」といったキーワードに出会うことが多々あります。
>
> 　「文字集合」とは、扱う対象の文字を集めた重複のない集合です。見方を変えれば、「なにを文字として扱うか」を定めたものと言い換えることもできるでしょう。たとえば、信号機の状態を表すためだけの文字コードを作るとして「赤・青・黄」の漢字3文字をピックアップしたとしたら、これも立派な文字集合といえます。
>
> 　「符号化文字集合」とは、文字集合の文字それぞれにユニークな数値を割り当てて符号化したものです。先ほどの信号機文字集合は3文字なので、2ビット（2 ^ 2 = 4）あれば、すべての色を表現できます。たとえば、「赤 = 00、青 = 01、黄 = 10」というように。
>
> 　「文字符号化方式」とは、コンピュータが文字を扱う際の実際のバイト列への変換方式のことです。「なぜ符号化した文字集合をさらに符号化するのか？」と疑問に思うかもしれませんが、これは複数の符号化文字集合を組み合わせて使う場合や、過去の規格との互換性を保つために必要になります。たとえば、上記の信号機文字コードを一般的な8ビット環境で扱うためには、「赤 = 00000000、青 = 00000001、黄 = 00000010」のように、先頭6ビットを0で埋める変換が必要になります。

文字化けとマルチバイト文字

　ASCIIは文字数が少ないため、アルファベットや数字、「(」や「#」などすべての文字を1バイト（＝128）の範囲内で表現することができました。その一方、ひらがなや漢字といった日本語文字はあまりにも数が多いため、1文字を1バイトの範囲内で表現することができません。そのため、1文字を複数のバイトで表現する必要があります。

　日本語文字は俗に「2バイト文字」と呼ばれることもありますが、UTF-8などのように3バイト以上で表現する文字コードもあるため「マルチバイト文字」という呼称がより正確です。日本語を扱うマルチバイト文字コードとしては、UTF-8やShift_JIS、EUC-JP、ISO-2022-JPなどが存在します[※2]。

　英数字や半角記号を表現する文字コードとしてはASCII、もしくはASCIIに準拠した文字コードが世界的にデファクトスタンダードとなっているため、これらの文字が文字化けすることはほぼないでしょう。しかし、日本語を表現するためのマルチバイト文字コードは歴史的な経緯や技術的な事情からいくつかの種類が存在するため、たとえ文字としては同一でもそれをバイト列に符号化する方法が何通りも存在する状況になっています（図3.3）。これが、日本語が文字化けと切っても切れない関係である原因といえます。

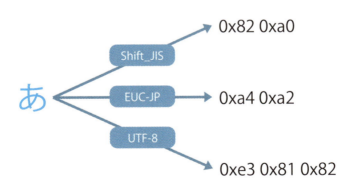

図3.3 「あ」を表現するバイト列の違い

※2　これらの文字コードについては3-5「代表的な文字コード」（P.105）で紹介します。

3-3 クライアントとサーバと文字化け

　文字化けの原因は、「ある文字コードで符号化された文字列が誤って別の文字コードで復号されること」であると説明しました。ここからは、ブラウザやクローラーといったクライアントからWebサイトにアクセスする際にどのようにして文字化けが起きるのか、その流れを具体的に追ってみましょう。

文字コードはどこで化ける?

　文字化けが起きる可能性があるのは、符号化・復号、あるいは文字コードの変換が起きる場所すべてです（図3.4）。

　クローラーにとっては、クローリング時の文字化け、すなわちクライアントとサーバ間で起きる文字化けが特に気をつけたいポイントです。それ以外にも、プログラム内部での処理やデータベースとのやり取り、ファイルを扱う際など、文字化けを起こしうる箇所はいくつもあります。せっかく無事にクロールできた内容がその後の処理で文字化けを起こしてしまっては元も子もありません。それぞれの箇所についてひとつひとつ見ていきましょう。

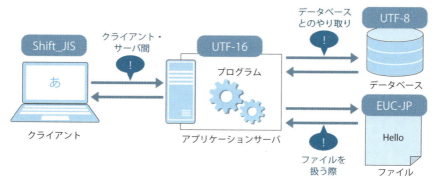

図3.4　文字化けが起きる箇所

■ クライアント・サーバ間

まず注意すべきはクライアント・サーバ間で起きる文字化けです。

Chapter 2で見てきたように、クライアントはサーバに対してHTTPリクエストを送り、HTTPレスポンスとしてHTMLを受け取ることでWebサイトにアクセスしています。HTMLはテキストファイルですが、HTTPレスポンス自体はネットワーク経由でバイト列として送られてくるため、文字として解釈するためにはなにかしらの文字コードで復号を行う必要があります。ここで復号に使う文字コードを間違うと文字化けが起きるのは先に述べたとおりです。サーバはクライアントに対して、どの文字コードで復号すればよいのかを知らせる必要がありますが、この情報が含まれているのは次の2箇所です。

- HTTPレスポンスの`Content-Type`ヘッダ
- HTML内の`meta`タグ

クライアントは、基本的に上記の2箇所から文字コード情報を取得し、ネットワーク越しに送られてきたバイト列を、取得した文字コードに従って文字列へと復号しています（図3.5）。

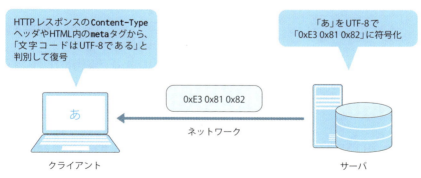

図3.5　クライアントはHTTPレスポンスヘッダやHTMLから文字コード情報を取得する

それぞれの場合について詳しく見ていきましょう。

■ Content-Typeヘッダで文字コードが指定されている場合

リスト3.1のように、HTTPレスポンスのContent-Typeヘッダ内のcharsetパラメータに文字コード情報が含まれています。一般的に、Content-Typeヘッダには文字コード情報を含めるよう推奨されているため[※3]、通常はこの場所に文字コード情報が明示されていることが多いでしょう。

リスト3.1　HTTPレスポンスのContent-Type

```
HTTP/1.1 200 OK
Date: Sun, 23 Oct 2016 09:00:00 GMT
Server: Apache
Accept-Ranges: bytes
Vary: Accept-Encoding,User-Agent
Content-Encoding: gzip
Content-Length: 4051
Connection: close
Content-Type: text/html; charset=shift_jis
```

■ metaタグで文字コードが指定されている場合

リスト3.2のようにHTML内のmetaタグに文字コード情報が記載されている場合もあります。

リスト3.2　metaタグに文字コード情報が記載されている例

```html
<head>
  ...
  <meta http-equiv="Content-Type" content="text/html;charset=shift_jis">  ①HTML4以前での記述方法
  <meta charset="shift_jis">
  ...                                                                    ②HTML5での記述方法
</head>
```

①は、HTML4以前での文字コード情報の記述方法です。http-equiv属性は、HTTPレスポンスヘッダの情報を補足することを目的として定められたもので、この属性が指定されたmetaタグは「プラグマディレクティブ」といいます。この例ではContent-Typeについての情報を記載していますが、

※3　W3C「国際化 HTTPヘッダでエンコーディングを指定するべきですか？」
　　　https://www.w3.org/International/questions/qa-html-encoding-declarations.ja#httphead

レスポンスヘッダと同じく、ここに文字コード情報が含まれる場合があります。

②は、HTML5から利用できるようになった記述方法です。`charset`属性で文字コード情報をよりシンプルに記述することが可能になりました。

一般的に、`Content-Type`ヘッダもしくは`meta`タグに正しい文字コード名が指定されている場合、その文字コード名のとおりに復号を行えば文字化けの問題はありません[※4]。クローラーを実装する際にはこれらの情報から正しく文字コードを決定できるよう留意する必要があります。

> **memo ▶ Content-Typeとmetaタグで文字コードが食い違うときはどちらを優先するべきか？**
>
> HTML4の仕様[※5]では、クライアントが文字コードを決定する情報の優先順位が次のように定められています。
>
> 1. `Content-Type`ヘッダ内の`charset`パラメータ
> 2. `http-equiv`属性が`Content-Type`であり、`charset`がセットされている`meta`タグ
> 3. 外部リソースを指定する要素に設定された`charset`属性
>
> クローラーも原則的にこの優先順位に従うようにしましょう。
>
> また、仕様では、この優先順位リストに加え、クライアントはヒューリスティックな方法やユーザーの設定を元に文字コードを決定してもよいと定められています。たとえば、UTF-8のBOMがHTMLの先頭に含まれる場合、Internet Explorer 10や11以外のモダンブラウザは、文字コードをUTF-8とみなします。クローリング対象のWebサイトの性質によっては、そのように独自の決定方法の採用を検討してもよいでしょう。

> **memo ▶ BOM**
>
> Unicodeのエンコーディングで使われる、マルチバイトの並び順ルールを示す数バイトの情報。たとえば、BOM付きUTF-8の場合、先頭に`0xEF 0xBB 0xBF`が含まれます。

※4 そうではない特殊なケースもまれに存在しますが、これについては3-6「文字コードにまつわる落とし穴」の「Shift_JISじゃないShift_JIS」（P.110）で説明します。

※5 「5.2.2 Specifying the character encoding」
https://www.w3.org/TR/1999/REC-html401-19991224/charset.html#h-5.2.2

アプリケーション・データベース間

アプリケーションからデータベースを操作する際にも、注意すべき点がいくつかあります。ここでは、MySQLを例に解説します。

MySQLで利用できる文字コードは、`SHOW CHARSET;`で確認できます。その中でもASCII文字と日本語文字を扱うことができる文字コードは、**表3.2**のとおりです[※6]。

表3.2 MySQLでASCII文字と日本語文字を扱うことができる文字コード

文字コード名	説明
utf8	UTF-8のサブセット（文字あたり最大3バイトまでの文字のみを含む）
utf8mb4	UTF-8
sjis	Shift_JIS
ujis	EUC-JP
cp932	Shift_JISにWindowsの機種依存文字を追加したもの
eucjpms	EUC-JPにWindowsの機種依存文字を追加したもの

MySQLでは、データベースやテーブルなどに個別に文字コードを指定することが可能です。文字コードの指定ができる具体的な単位は、**表3.3**のとおりです。

表3.3 MySQLで文字コードの指定ができる単位

指定できる箇所	指定する方法
MySQLサーバ	`/etc/my.cnf`など設定ファイルの`[mysqld]`に`charcter-set-server`を指定。デフォルトでは`latin1`という文字コード
サーバ・クライアント間の接続	クライアントによって様々
データベース	作成時 `CREATE DATABASE dbname CHARSET utf8mb4;` 変更時 `ALTER DATABASE dbname CHARSET utfmb4;` 既存のテーブルは変更されない。指定がなければサーバの文字コードがデフォルトになる

※6 表内の「Windowsの機種依存文字」については、3-6「文字コードにまつわる落とし穴」の「Shift_JISじゃないShift_JIS」（P.110）で説明します。

指定できる箇所	指定する方法
テーブル	作成時 `CREATE TABLE tablename CHARSET utf8mb4;`
	変更時 `ALTER TABLE tablename CHARSET utf8mb4;`
	既存のカラムは変更されない。指定がなければテーブルの文字コードがデフォルトになる
カラム	変更時 `ALTER TABLE tablename MODIFY column varchar(10) CHARSET utf8mb4;`
	既存のデータは変更されない。指定がなければカラムの文字コードがデフォルトになる

　当然ですが、アプリケーション側のMySQLクライアントとMySQLサーバ側で異なる文字コードを利用すると、エラーや文字化けが発生します。よほどの理由がない限り、使用する文字コードは統一しておきましょう。

　もしデータベースに格納したデータが文字化けを起こす場合は、上記の項目を見直してみましょう。

テキストファイルの読み書き

　クロールしたデータを一時ファイルなどに書き出す場合でも、処理の方法によっては文字化けが起きえます。

　一般的に、プログラミング言語の処理系は特定の文字コードを内部的に利用します。たとえば、Javaの場合、内部コードとしてUTF-16を使用します。しかし外部とのやり取りに内部コードと同じ文字コードが使われるとは限りません（図3.6）。そのため、テキストファイルの読み書きの際に文字コードの変換が必要になりますが、この変換の際に文字化けが起きることがあります。

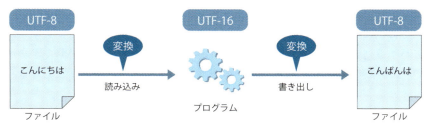

図3.6　内部コードとの変換

特に注意が必要なのが`java.io.FileReader`/`java.io.FileWriter`クラスです。これらのクラスはファイルを文字列として読み書きするためのAPIを提供しますが、読み書きする際の文字コードは実行環境のデフォルト文字コードに依存します（リスト3.3）。そのため、Windowsでは正しく読み書きができていた処理をLinux上のサーバで動かすとファイルが文字化けする、などの不具合が起きる場合があります。

リスト3.3　テキストファイルの読み書きで文字化けしないようにする

```java
int ch;
File file = new File("./hello.txt");

// 文字化けを起こす可能性がある処理の例
// FileReaderはファイルがデフォルト文字コードで符号化されているものとして読み込むため、
// ファイルの文字コードと実行環境のデフォルト文字コードが異なると文字化けする
FileReader fr = new FileReader(file);
while ((ch = fr.read()) != -1) {
  System.out.println((char)ch);
}
fr.close();

// InputStreamReaderで文字コードを明示的に指定し、
// デフォルト文字コードに依存しないようにする
InputStream is = new FileInputStream(file);
InputStreamReader isr = new InputStreamReader(is, "Shift_JIS");
while ((ch = isr.read()) != -1) {
  System.out.println((char)ch);
}
isr.close();
```

このサンプルコードで利用した`InputStreamReader`も、第2引数の文字コード名を省略した場合はデフォルト文字コードが利用されるため注意が必要です。

その他にも、バイト列から文字列を生成する`new String()`や、文字列からバイト列を取得する`String.getBytes()`メソッドも引数を省略できますが、よほどの理由がない限りは文字コード名を明示するほうがよいでしょう。

> **memo** 文字コードを表すJavaのクラス
>
> Javaにおいて文字コードを表すクラスは`java.nio.charset.Charset`です。`Charset`クラスの`forName()`メソッドは引数に文字コード名を取り、`Charset`クラスのインスタンスを返します。たとえば、UTF-8を表すCharsetクラスのインスタンスを取得する際は次のようにします。
>
> ```Java
> Charset utf8 = Charset.forName("UTF-8");
> ```
>
> また、`java.nio.charset.StandardCharsets`クラスにはいくつかのエンコーディングが定数として用意されているので、可能な限りこちらの定数を使うほうがよいでしょう。
>
> ```Java
> Charset utf8 = StandardCharsets.UTF_8;
> ```
>
> また、StandardCharsetsの定数になっている文字コードは、「Javaプラットフォームのあらゆる実装で使用できることが保証」されています。

3-4 文字コードを適切に扱う

ここまで、文字コードとはなにか、クローラーを含めたWebアプリケーションのどのような処理で文字化けが起こりうるのかを見てきました。続いて、クローリングやインデキシングの際に、これらをどのように扱えばよいのか具体的に見ていきましょう。ここでもJavaとJsoupのコードを例に解説します。

> **memo** インデキシング
>
> 収集した文章を加工して保存する作業を「インデキシング」といいます。クローリングで収集した文章から必要な部分を抽出・解析し、必要な処理を施した上で、意味のあるデータとして再利用しやすい形式で保存することが重要です。

クローリングと文字コード

クローリング時に大切なのは、「HTTPレスポンスやHTMLに指定された文字コード情報を正しく決定すること」です。クローリング対象ページの文字コードは、基本的に次の流れで決定すれば問題ないでしょう。

1. `Content-Type`ヘッダに文字コード情報が含まれる場合、それを採用する
2. HTML内の`meta`タグに文字コード情報が含まれる場合、それを採用する

Jsoupでも上記の優先度で採用する文字コードを決定しています。そのため、`Content-Type`ヘッダや`meta`タグに含まれた文字コード情報を自身で抽出して文字コードの判定を行う必要は特にありません。Jsoupが判定した文字コードを取得したい場合は、リスト3.4のようにします。

リスト3.4　Jsoupが判定した文字コードを取得する例　　　　　　　　　　　　　　　`Java`

```java
String url = "http://www.example.com";
Response response = Jsoup.connect(url).execute();
System.out.println("HTTPレスポンスを受け取りました");

// HTTPレスポンスヘッダに文字コード情報が含まれている場合、
// Connection.execute()メソッドの実行後に文字コード名が取得できる
System.out.println("文字コードは" + response.charset() + "です");

// HTTPレスポンスヘッダに文字コード情報が含まれておらず、
// HTML内のmetaタグに文字コード情報が含まれている場合、
// Response.parse()メソッドの実行後に文字コード名が取得できる
response.parse();
System.out.println("レスポンスをパースしました");
System.out.println("文字コードは" + response.charset() + "です");
```

たとえば、HTTPレスポンスの`Content-Type`ヘッダに文字コード情報が含まれておらず、HTMLに`<meta charset="utf-8">`というタグがあるWebサイトの場合、リスト3.4のコードの実行結果は次のようになります。

> **実行結果**
>
> HTTPレスポンスを受け取りました
> 文字コードはnullです
> レスポンスをパースしました
> 文字コードはUTF-8です

　HTTPレスポンスヘッダに文字コード情報が含まれている場合、Jsoupはそちらを優先するため、`meta`タグの文字コード情報で上書きされることはありません。また、HTTPレスポンスヘッダに文字コード情報が含まれない場合を考慮すると、`Response.parse()`メソッドを実行してから文字コード名を取得するほうが安全でしょう。

　ここで疑問を持つ方もいるかもしれません。

　HTMLは、レスポンスボディの中身です。すなわち復号を「される側」なのに、復号に必要な文字コード情報がその中に含まれています。これはまるで鍵のかかった金庫の中に鍵が入っているようなものです。なぜこの方法が機能するのでしょうか？

　肝は「ASCIIとの互換性」にあります。UTF-8やEUC-JPなど各種文字コードの大半は、英数字および一部の記号にASCIIと同じコードを割り当てています。つまり、英数字についてはASCIIと互換性があるわけです。そのようなASCIIと互換性がある文字コードでHTMLが符号化されている場合、正しい文字コードがわからなくても、いったんASCIIで復号を行うことによって文字コード情報が問題なく取得できるというわけです。逆にASCII互換ではない文字コードで符号化されたHTMLについては、この方法を使うことはできません。

　HTTPレスポンスヘッダにも`meta`タグにも文字コード情報が含まれない場合、Jsoupは広く普及しているUTF-8に決め打ちしています[※7]。

　また、HTTPリクエストやレスポンスを直接扱うような低レイヤーのライブラリやAPIを利用する際は、`Content-Type`ヘッダや`meta`タグから文字コード情報を抽出する処理を自前で用意する必要があるかもしれません。リスト3.5は、`java.net`パッケージのAPIを使用してHTTP通信を行い、正

※7　ここからさらに踏み込み、HTTPレスポンスのバイト列から文字コードを推定する方法については、3-7「文字コードを推定するには？」(P.125)で説明します。

規表現で文字コード情報を取得するサンプルです。

リスト3.5　HTTP通信を行い、正規表現で文字コード情報を取得する

```java
// Content-Typeやmetaタグから文字コード名を抽出するための正規表現
Pattern charsetPattern = Pattern.compile("(?i)\\bcharset=\\s*(?:\"|')?➡
([^\\s,;\"']*)");

URL url = new URL("http://example.com");

HttpURLConnection connection = (HttpURLConnection) url.openConnection();
connection.setRequestMethod("GET");
connection.connect();

// Content-Typeヘッダから文字コード情報を取得
// 「text/html; charset=shift_jis」などの文字列が返される
String contentType = connection.getContentType();
Matcher contentTypeMatcher = charsetPattern.matcher(contentType);
if (contentTypeMatcher.find()) {
  String charsetName = contentTypeMatcher.group(1).trim();
  // Content-Typeに記載された文字コード名を出力
  System.out.println("Charset in Content-Type: " + charsetName);
}

// metaタグから文字コード情報を取得
byte[] first1k = new byte[1024]; // W3Cのドキュメントでは、文字コード情報は
                  // ファイルの先頭から1024バイトまでに含めるべきとされている
BufferedInputStream in = new BufferedInputStream(➡
connection.getInputStream());
in.read(first1k);
in.close();

Matcher metaMatcher = charsetPattern.matcher(new String(➡
first1k, "UTF-8"));
if(metaMatcher.find()) {
  String charsetName = metaMatcher.group(1).trim();
  // meta charsetに記載された文字コード名を出力
  System.out.println("Charset in HTML: " + charsetName);
}

connection.disconnect();
```

インデキシングと文字コード

大抵の場合、クローリングとインデキシングとで収集・格納したデータに対し、再利用のために検索を行うことになりますが、その際に重要なのが文字の「正規化」です。適切に正規化が行われない場合は、データの検索性が損なわれます。

また、データを適切に「サニタイジング」しないまま格納することはセキュリティリスクにつながります。

ただサニタイジングを行うだけでなく、正規化との順序も大切です。適切に対処するためには、文字コードレベルでなにが起きているかを把握する必要があります。ここからは、インデキシング時に、どうトラブルを防ぐかについて解説します。

> **memo ▶ 正規化とサニタイジング**
>
> どちらも文字の変換ですが、それぞれ目的が異なります。
> 「正規化」とは、視覚的、意味的に同一である別の文字を、1つの文字に統一的に変換することです。正規化によって文字表現のゆれがなくなり、データの再利用性が向上します。
> 一方、「サニタイジング」は、危険なデータを無害化する変換のことです。のちほど説明しますが、文字を正規化した後にサニタイジングを行うのが定石です。

■ 正規化

Unicodeの文字には、見た目はまったく同じでも、実は違うものであるという場合があります。

たとえば、Macで作成したフォルダ名の初期値である「名称未設定フォルダ」の「ダ」は「タ（U+30BF）」と「゛（U+3099）」の結合文字列です。文字コードレベルで単純に検索した場合、これは通常の「ダ（U+30C0）」ではヒットしません。見た目上は同じなので、この問題はなかなかに厄介です。

また、半角カタカナで「マンション」や、1文字で「㌶」という文字が含まれているデータがあった場合、このデータは「マンション」というキーワードで検

索してもヒットしないかもしれません。いくらデータを収集しても、検索して再利用ができないのであればゴミの山です。

「タ」と「゛」から成る「ダ」のような結合文字列の場合、これは通常の「ダ」と文字コードレベルでは異なりますが、文字としては同じものとみなすことができます。このような関係を「正準等価」と呼びます。

半角カタカナの「マンション」と全角カタカナの「マンション」では、文字コードレベルも文字としてもそれぞれ別物ですが、意味のレベルでは同じ文字です。このような関係は「互換等価」と呼びます。

Javaでは、`java.text.Normalizer`クラスに、正準等価な文字、互換等価な文字を正規化するAPIがそれぞれ用意されています（**リスト3.6**）。

リスト3.6 正準等価な文字、互換等価な文字を正規化する

```java
// 正準等価な文字を正規化
String combined = "\u30bf\u3099"; // 「タ」と「゛」から成る結合文字列
String nfcNormalized = java.text.Normalizer.normalize(
combined, Normalizer.Form.NFC);
System.out.println(nfcNormalized); // 通常の「ダ (U+30C0)」と出力される

// 互換等価な文字を正規化
String nfkcNormalized = java.text.Normalizer.normalize(
"㈱Ｃｒａｗｌ ｸﾞﾗﾝﾄﾞﾏﾝｼｮﾝ１０３号室", Normalizer.Form.NFKC);
System.out.println(nfkcNormalized); // 「(株)Crawl グランドマンション103号室」
                                    // と出力される
```

後者の`Normalizer.Form.NFKC`で正規化を行う場合、「タ」と「゛」のような結合文字列もあわせて正規化されるなど便利なのですが、「〜（波ダッシュ U+301C）」が「~（チルダ U+007E）」に、「…（三点リーダ U+2026）」が半角ピリオド3つに置き換えられてしまうなど、記号類に関しては若干やりすぎではないかとも思えるような正規化を行います。単純に全角・半角文字を正規化するだけではないため、扱うデータによっては注意が必要です[※8]。

[※8] 正規化のルールについてさらに詳しく知りたい方は、矢野啓介『プログラマのための文字コード技術入門』（技術評論社）などを参照するとよいでしょう。

■ 危険なデータは消毒！(サニタイジング)

サニタイジングでは、図3.7のように、HTMLとして意味を持つ特殊な文字を、名前文字参照などの別の文字に置き換えます。XSS（クロスサイトスクリプティング）と呼ばれるクラッキングの手法を防ぐために行われます。

図3.7 サニタイジング

> **memo ▶ XSS**
>
> 「XSS」とは、他人のWebサイトやアプリケーションに、悪意のあるJavaScriptコードを埋め込む行為を指します。
> たとえば、クロールしたデータをそのまま画面で表示するアプリケーションがあるとします。すると、クローラーが`<script>alert('XSS!')</script>`のような文字列（スクリプト）をクローリングした場合、クロールしたデータを表示するページにアクセスしたユーザーのブラウザ内で、このスクリプトが実行されてしまいます。

一般的にサニタイジングは、ユーザーから入力されるデータに関して行うものですが、クロール対象のデータも安全なものとは限りません。データストレージに格納する前にサニタイジングを行わないと、XSSなど思わぬセキュリティリスクを招く可能性があります。サニタイジングの処理は自力で実装せず、実績のある既存のライブラリを利用するのがよいでしょう。

Jsoupにもサニタイジングを行うためのAPIが用意されています（リスト3.7）。

リスト3.7　サニタイジング

```java
String unsafeHtml =
  "<a href='javascript:alert(\"Oops!\")'>Hello!</a>" +
  "<script>alert(\"Ouch!\");</script>";

String sanitizedHtml = Jsoup.clean(unsafeHtml, Whitelist.basic()); ➡
// ホワイトリスト方式でサニタイジング
System.out.println(sanitizedHtml); // <a rel="nofollow">Hello!</a>
```

`Jsoup.clean()`は、第2引数に渡されたホワイトリスト（許可する条件）に従って危険なHTMLタグや属性を取り除きます。このサンプルコードで利用している`Whitelist.basic()`は、`b`、`em`、`i`、`strong`、`u`といったテキスト系のタグのみを許可します。その他のホワイトリストについては表3.4のとおりです。

表3.4　`Jsoup.clean()`の第2引数に渡すことができるホワイトリスト

ホワイトリスト	説明
`none()`	テキストノードのみ許可
`simpleText()`	テキストノードとb、em、i、strong、uタグを許可
`basic()`	a、b、blockquote、br、cite、code、dd、dl、dt、em、i、li、ol、p、pre、q、small、span、strike、strong、sub、sup、u、ulタグおよび安全な属性を許可
`basicWithImages()`	`basic()`に加え、imgタグおよび安全な属性を許可
`relaxed()`	HTMLのbody内で使用する一般的なタグおよび属性をすべて許可

また、サニタイジングを行う場合、正規化との順序も重要です。たとえば、全角山括弧を含む「＜script＞alert("hello");＜/script＞」という文字列が入力された場合、サニタイジングの後に正規化を行うと「<script>alert("hello");</script>」となってしまい、XSSにつながってしまう可能性があります（リスト3.8）。

リスト3.8　サニタイジングの後に正規化を行うと危険

```java
String unsafeHtml = "＜script＞alert(\"hello\");＜/script＞";
//「＜」や「＞」なのでHTMLタグとみなされず、取り除かれない
String sanitizedHtml = Jsoup.clean(unsafeHtml, Whitelist.basic());
// 互換等価の正規化を行うため、「＜」や「＞」が「<」や「>」になる
String normalizedHtml = Normalizer.normalize(sanitizedHtml, Form.NFKD);
```

```
// 結果、「<script>alert("hello")</script>」という危険な文字列になる
System.out.println(normalizedHtml);
```

この場合、正規化の後にサニタイジングを行えば問題ありません。詳細については、次のドキュメントなどを参照するとよいでしょう。

- JPCERT「文字列は検査するまえに標準化する」
  http://www.jpcert.or.jp/java-rules/ids01-j.html

3-5 代表的な文字コード

文字コードを適切に扱うためには、文字コードそのものに対する理解も欠かせません。ここからは日本のWebサイトをクロールする際によく遭遇するものを中心に、各種文字コードとその特徴や歴史について見ていきましょう。

 UTF-8

現在、最も多く見かけるのがこのUTF-8でしょう。Googleの調査によれば、2012年時点でGoogleがクローリングを行っているサイトの60%超にUTF-8が使われていました[※9]。

UTF-8はUnicodeと呼ばれる符号化された文字の集合をコンピュータで扱う方式のうちの1つです。他の方式としては、プログラミング言語の内部コードとして使われることの多いUTF-16や、1文字が4バイト固定長であるUTF-32などがあります。なお、Windowsでは、UTF-16がUnicodeと呼称されることもあります。

UTF-8は1文字が1〜4バイトで表現される可変長の符号化方式で、日本語の文字は基本的に3バイトで表現されます。また、1バイト文字については

※9 Google Official Blog「Unicode over 60 percent of the web」
　　https://googleblog.blogspot.jp/2012/02/unicode-over-60-percent-of-web.html

ASCIIそのものであることが特徴です。ASCIIで書かれたファイルなどをそのままUTF-8としても扱えることから、Unicodeの符号化方式の中でもASCIIの上位互換として広く使われています。

Shift_JIS

WindowsでおなじみなのがShift_JISです。SJISやMS_Kanjiと呼ばれることもあります。名前に「JIS」と入っていますが、JISではなく株式会社アスキーを中心とした企業体によって考案されました。現在では、JISでも「シフト符号化表現」という名称で規格化されています。

英数字や各種半角記号に加えて、半角カナやひらがな、第1・第2水準漢字などの日本語を扱うことができます。一見、英数字や記号はASCIIと互換性があるように見えますが、厳密には異なるものであり、0x5Cの\（バックスラッシュ）が¥（円記号）に、0x7Eの~（チルダ）が ̄（オーバーライン）に入れ替えられています。特にバックスラッシュはエスケープ文字としての意味を持つことからプログラムに意図せぬ影響を及ぼすことがあります。

また、2バイト文字の2バイト目にASCIIと同じ範囲のバイトが来る場合もあります。たとえば「能」という漢字は2バイト目が0x5c、すなわちバックスラッシュとなるため、プログラミング言語によっては"～の機能"などといった文字列の最後のダブルクォーテーションがエスケープされてエラーになってしまうこともあります。

かつては日本語環境でのデファクトスタンダードともいえる存在でしたが、現在ではUTF-8などに取って代わられています。いくつかの官公庁のWebサイトなど、現在でも比較的見かけることが多い文字コードです。

EUC-JP

EUCはExtended Unix Codeの略で、米国の通信会社AT&Tによって1980年代に策定された文字符号化方式で、その名のとおりUnixで広く使われました。その日本語版がEUC-JPです。

扱える文字集合はASCIIに加え半角カナ、ひらがな、カタカナ、各種全角

記号、JIS第1・第2水準漢字およびJIS補助漢字です。日本語版のEUC-JPの他にも、韓国語版のEUC-KRや、簡体字中国語版のEUC-CN、繁体字中国語版のEUC-TWなどの各国版が存在します。現在でもPHP製のWebサイトなどでしばしば見かけることがあります。

ISO-2022-JP

日本語EメールのfilesystemErrorの文字コードとして使われることがあるのがISO-2022-JPです。古いWebオーサリングツールで作成したWebページなどで使用されていることもあります。

名前に「ISO」と入っていますが、国際機関であるISOが制定した文字コードではありません。東京大学、東京工業大学、慶応義塾大学といった学術機関によって構成されたコンピュータネットワークプロジェクトであるJUNETによって考案されました。仕様はRFC 1468として公開されています。

扱える文字集合は、ASCII、ひらがな、カタカナ、各種全角記号、JIS第1・第2水準漢字で、半角カナを扱うことはできません。これらを文字集合切り替え用のエスケープシーケンス（エスケープの文字列）で切り替えながら、7ビットの範囲内で扱うのが特徴です。エスケープシーケンスで切り替えを行う文字コードの場合、データを途中から受信するなどでエスケープシーケンスが失われた場合、テキスト全体が文字化けしてしまうという欠点があります。しかし、ISO-2022-JPは「行頭は必ずASCIIモードから始める」というルールがあるため、エスケープシーケンスが失われても全体的な文字化けにつながることはありません。

3-6 文字コードにまつわる落とし穴

ここまで、文字コードの概念やクローリング時の文字コードの扱い、よく遭遇する文字コードなどの基礎知識について触れてきました。しかし、実際にいろいろなWebサイトのクローリングを行うと、時には思いもよらないト

ラブルに見舞われることもあります。

　ここからは筆者らが実際に遭遇したケースなどを元に、文字コードにまつわる意外な落とし穴とその回避方法について解説します。

文字コード名を信じるな

　とある地域密着型アルバイト情報サイトをJava製のクローラーで1日に1回クローリングを行っていました。このWebサイトでは、クローラーは文字コード名をレスポンスの`Content-Type`ヘッダから取得しています。

　ある日、いつものようにクローリングを開始したところ、文字コード名の文字列を`java.nio.charset.Charset`オブジェクトに変換する処理で例外が発生し、クローラーが停止してしまいました。例外発生時にクローリングしていたページの`Content-Type`ヘッダを確認すると、`Content-Type: text/html;charset=%E6%96%87 ...`と、パーセントエンコーディングされた謎の文字列が含まれていました。謎の文字列を恐る恐るデコードしてみると、そこに現れたのは「`Content-Type: text/html;charset=文字コード`」という衝撃的な内容でした。

■原因

　Javaでは、文字コードを`Charset`オブジェクトで表現しますが、文字コード名から`Charset`オブジェクトを取得する際に、`Charset.forName()`メソッドを使います（リスト3.9）。

リスト3.9　文字コード名から`Charset`オブジェクトを取得する場合の失敗例　　Java

```java
String charsetName = ...
Charset charset = Charset.forName(charsetName); // 文字コード名から
                                                // オブジェクトを取得

byte[] responseBody = ... // レスポンスボディのバイト列
String decodedBody = new String(responseBody, charset); // デコードされた
                                                        // 文字列
```

問題は、`forName()`メソッドに渡された文字列が文字コード名として正しくない場合です。この場合、`java.nio.charset.UnsupportedCharsetException`や`java.nio.charset.IllegalCharsetNameException`などの例外がスローされます。

`Content-Type`ヘッダや`meta`タグに、常に正しい文字コード名が含まれているとは限りません。バグやちょっとした勘違いによって、文字コード名として正しくない文字列が含まれている可能性があります。

■対策

Webサイトから文字コード名を取得する際には、`Content-Type`ヘッダの`charset`パラメータにせよHTML内の`meta`タグにせよ、それらはあくまでも「外部からの入力」であるということを認識しましょう。Javaに限らず、プログラムの安定した動作のためには外部からの入力に対して防御的になる必要があります。

また、`Charset`クラスには渡された文字コード名がサポートされているかを判定する`isSupported()`というメソッドがありますが、+や.（ピリオド）といった記号から始まる文字列を渡した場合には`IllegalCharsetNameException`がスローされるため利用には注意が必要です。

リスト3.10に上記の問題に対応した実装の一例を示します。

リスト3.10　文字コード名からCharsetオブジェクトを取得する

```java
// 文字コード名としてvalidな文字列を表す正規表現
static Pattern charsetNamePattern = Pattern.compile( ➡
"^[a-zA-Z0-9[^\\-+:_.]][a-zA-Z0-9\\-+:_.]+$");

public Charset getCharset(String charsetName) {
  Charset charset;
  if (charsetName != null) {

    // 渡された文字列が文字コード名としてvalidか、
    // サポートされている文字コード名かを判定
    Matcher matcher = charsetNamePattern.matcher(charsetName);
    if (matcher.matches() && Charset.isSupported(charsetName)) {
      charset = Charset.forName(charsetName);
    } else {
```

```
        // validでない、もしくはサポートされていない場合は
        // デフォルトの文字コードとしてUTF-8を利用
        charset = StandardCharsets.UTF_8;
      }
    } else {
      // 文字コード名がnullだった場合もUTF-8を利用
      charset = StandardCharsets.UTF_8;
    }
    return charset;
}
...
// HTTPヘッダのContent-Typeから取得した文字コード名
String charsetNameFromContentType = ...

// 取得したCharsetオブジェクト
Charset charset = getCharset(charsetNameFromContentType);
```

Shift_JISじゃないShift_JIS

とある美容室のWebサイトをクローリング・スクレイピングしていたところ、データのところどころが「�」という文字に化けてしまいました。Webサイトを確認すると、文字化けを起こしているのはどうやら丸数字やローマ数字のようです（**図3.8**）。Webサイトの文字コードはShift_JISであり、クローラーも「このWebサイトはShift_JISである」と正しく認識できているようです。

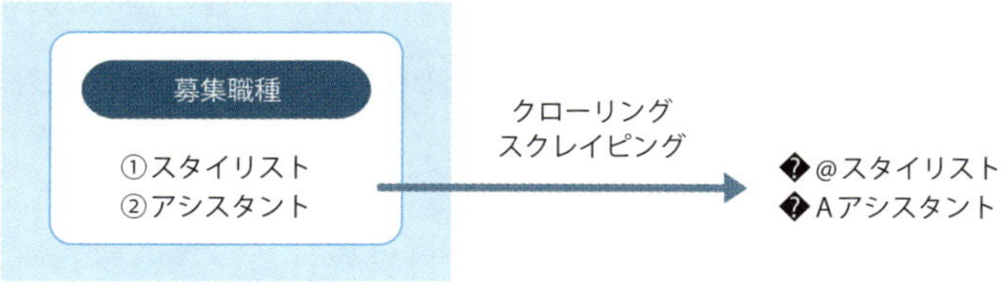

図3.8　丸数字が文字化け

■原因

　実は、このWebサイトが宣言している「このサイトの文字コードはShift_JISです」という情報が誤りでした。とはいってもShift_JISとまったく異なる文字コードが使われていたわけではなく、Shift_JISの亜種であるWindows-31Jが使われていたのです。

　Windows-31Jとは、NECやIBMなどのベンダーが独自に拡張したShift_JISを統合する形でMicrosoftが開発した文字コードで、CP932と呼ばれることもあります。WindowsでShift_JISといえば、もっぱらこのWindows-31Jを指します。

　もともと、純粋なShift_JISには丸数字は含まれません。Shift_JISを拡張して作られたWindows-31Jには丸数字やローマ数字、「㍉」や「㈱」、人名にも使われる「彅」や「﨑」「髙」などが追加で含まれます。

　これらの文字はWindows-31Jで独自に追加された文字であるため、純粋なShift_JISとして解釈すると、独自に追加された文字は当然文字化けします。これらがいわゆる「機種依存文字」です。ただし、依存するのは機種ではなく「環境」なので、「環境依存文字」と呼ぶのが正確でしょう。

　また、Windows-31Jの環境依存文字を含んだEUC-JPの拡張として、CP51932というものもあります。こちらはWindowsでは「日本語（EUC）」と表記されることが多いようです。この文字コードも丸数字やローマ数字、「彅」「﨑」「髙」などを含みます。

■対策

　Windows-31JはShift_JISのほぼ完璧なスーパーセット（上位互換）であることや、その成り立ちから考えて、Webサイトの文字コードとして使われるShift_JISはWindows-31Jと単純に読み替えてしまってよいでしょう。Javaでは、`Charset.forName("Windows-31J")`というコードでWindows-31Jの`Charset`オブジェクトが取得できます。

　また、EUC-JPもCP51932と読み替えてしまってよいでしょう。こちらは、Javaではx-eucJP-Openという名称で扱われています。

　リスト3.11に読み替えのサンプルを示します。

リスト3.11　Shift_JISはWindows-31Jに、EUC-JPはx-eucJP-Openに読み替える

Java

```java
Charset charset = getCharset(charsetNameFromContentType);
if (charset.name == "Shift_JIS") {
  // Shift_JISはWindows-31Jに読み替える
  charset = Charset.forName("Windows-31J");
} else if (charset.name == "EUC-JP") {
  // EUC-JPはx-eucJP-Openに読み替える
  charset = Charset.forName("x-eucJP-Open");
}
```

データベースと寿司の受難① ── 消える寿司

　クローリング・スクレイピングを行ったデータをストレージに保存する際にも、文字コードにまつわる落とし穴は存在します。ここではMySQLでハマりがちな落とし穴を2つ続けて解説します。

　まずは1つめです。絵文字を含むWebサイトをクローリング・スクレイピングし、取得したデータをデータベース（MySQL）に格納したところ、絵文字以降のテキストがすべて消えてしまうという事象が発生しました。たとえば、「昨日は🍣を食べました」というテキストをインサートした結果、内容は「昨日は」だけになり、それ以降がなくなってしまいます（**リスト3.12**）。MySQLのバージョンは5.6、データベースやテーブル、カラムのCharsetはutf8です。

リスト3.12　MySQL 5.6でテキストをインサートしたときの失敗例

SQL

```
mysql> CREATE TABLE text_with_emoji (text varchar(255)) CHARSET utf8;
Query OK, 0 rows affected (0.03 sec)

mysql> INSERT INTO text_with_emoji VALUES ('昨日は🍣を食べました');
Query OK, 1 row affected, 2 warnings (0.01 sec)

mysql> SELECT * FROM text_with_emoji;
+------------+
| text       |
+------------+
| 昨日は     |
+------------+
1 row in set (0.00 sec)
```

■原因

原因はCharsetのutf8です。

「UTF-8なら絵文字でもなんでも、Unicodeの文字なら扱うことができるのでは？」と思う方もいるかもしれません。しかし、MySQLのutf8は完全なUTF-8ではなく、4バイトになるU+10000以降の文字を含んでいません。そのため、🍣（U+1F363）などの絵文字が不正な文字と認識され、それ以降の文字列がなくなってしまうのです。

■対策

完全なUTF-8に対応するCharsetとしてはutf8mb4があります。4バイトになるのは絵文字だけでなく一部の漢字なども含まれるため、日本語を扱うならデータベース、テーブル、カラムの文字コードはutf8mb4にするべきでしょう。

また、データベースやテーブル、カラムのCharsetだけでなく、クライアント⇔MySQLサーバ間の接続のCharsetにも注意する必要があります。データベースのCharsetと接続のCharsetがそれぞれutf8とutf8mb4で食い違うと文字変換が失敗し、**表3.5**のような事象が起こります。

表3.5　クライアント⇔MySQLサーバ間の接続のCharset

クライアント⇔MySQLサーバ間の接続	データベースやテーブル、カラム	起きること
utf8	utf8mb4	4バイト文字（U+10000以降）が「????」になる
utf8mb4	utf8	4バイト文字が「?」になる

なお、MySQL 5.7からは上記のように文字変換が失敗した場合はエラーとして扱われるようになりました。MySQL 5.6でもエラーとして扱いたい場合は、`my.cnf`など設定ファイル内の`sql_mode`に`STRICT_ALL_TABLES`を追記します（**リスト3.13**）。

リスト3.13　MySQL 5.6で文字変換が失敗した場合にエラーとして扱う（my.cnf）

```
[mysqld]
sql_mode='NO_ENGINE_SUBSTITUTION,STRICT_ALL_TABLES'
```

データベースと寿司の受難② ——絵文字で検索できない問題

　Charsetがutf8mb4のテーブルに、各種の絵文字をインサートしたときのことです。selectを行う際、where句で絞り込んでも絵文字の区別がされず、あたかも🍣 == 🍺のような挙動が発生しました（**リスト3.14**）。

リスト3.14　Charsetがutf8mb4のテーブルに絵文字をインサートしたときの失敗例　**SQL**

```
mysql> SET NAMES utf8mb4;
Query OK, 0 rows affected (0.00 sec)

mysql> CREATE TABLE emoji_list (emoji varchar(1), name varchar(5)) ➡
CHARSET utf8mb4;
Query OK, 0 rows affected (0.02 sec)

mysql> INSERT INTO emoji_list VALUES ('🍣', '寿司'), (➡
'🍺', 'ビール');
Query OK, 2 rows affected (0.00 sec)
Records: 2  Duplicates: 0  Warnings: 0

mysql> select * from emoji_list where emoji = '🍣';
+-------+--------+
| emoji | name   |
+-------+--------+
| 🍣    | 寿司   |
| 🍺    | ビール |
+-------+--------+
2 rows in set (0.00 sec)
```

■ 原因

　いわゆる「寿司ビール問題」[※10]と呼ばれるもので、MySQLの照合順序（collation）に原因があります。
　照合順序とは、ある特定の言語（英語、日本語など）における、文字の並べ替えや比較についての規則のことです。たとえば、**ORDER BY**句で昇順に並

※10　https://slide.rabbit-shocker.org/authors/tommy/mysql-sushi/

べ替えた場合、英語であれば「Apple」は「Banana」より前に来ますし、日本語であれば「あんず」は「いちご」よりも前に来ます。これらのルールは自明のことではなく、「Ch」で始まる単語が「C」から始まる単語の末尾に来る言語もあります。文字の比較についても、たとえば「A」と「a」を同じものとみなすのかどうかなどは照合順序によって異なります。

utf8mb4の場合、デフォルトの照合順序はutf8mb4_general_ciです。末尾の「ci」は「Case Insensitive」の略で、大文字と小文字を区別しないという意味です。utf8mb4_general_ciでは大文字小文字を区別しないだけでなく、U+10000以降の文字（4バイト文字）を区別しません。内部的にU+10000以降の文字はすべて「�」という文字として扱われるためです。先にも述べたように、U+10000以降には絵文字や一部の漢字などが含まれます。そのため、utf8mb4_general_ciではこれらの文字を区別できず、検索を行うことができません。

■対策

U+10000以降の文字を区別したい場合、utf8mb4_binを使う必要があります。ただし、末尾が「ci」となる照合順序とは異なり、大文字・小文字も区別されるようになる点には注意が必要です。リスト3.15は、特定のカラムの照合順序にutf8mb4_binを指定する例です。

リスト3.15　特定のカラムの照合順序にutf8mb4_binを指定する

```sql
mysql> CREATE TABLE emoji_list_bin ( ➡
emoji varchar(1) COLLATE utf8mb4_bin, name varchar(5)) CHARSET utf8mb4;
Query OK, 0 rows affected (0.02 sec)

mysql> INSERT INTO emoji_list_bin VALUES ('🍣', '寿司'), ( ➡
'🍺', 'ビール');
Query OK, 2 rows affected (0.00 sec)
Records: 2  Duplicates: 0  Warnings: 0

mysql> SELECT * FROM emoji_list_bin WHERE emoji = '🍣';
+-------+--------+
| emoji | name   |
+-------+--------+
| 🍣    | 寿司   |
+-------+--------+
1 row in set (0.00 sec)
```

また、照合順序を指定するCOLLATE句はSQLステートメントに含めることも可能なので、selectなどを行う際にutf8mb4_binを指定することもできます（**リスト3.16**）。

リスト3.16　select時にCOLLATE句でutf8mb4_binを指定する

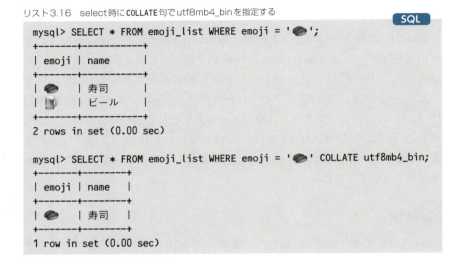

Column　絵文字は「文字」であるべきなのか？

スマートフォンのソフトウェアキーボードの存在や、GitHubやQiitaといったWebサービスに実装された入力支援機能により、絵文字は気軽に入力される身近な存在になりました。Instagramによれば、2015年3月の投稿のほぼ半分が絵文字を含んでいた[11]とのことです。クロールの目的によっては、これら絵文字をどのように扱うかを考慮する必要があるかもしれません。

現在広く使われる絵文字のルーツは、いわゆる日本の「ケータイ絵文字」に求めることができます。

今では様々なプラットフォーム上で扱うことができる絵文字ですが、もともとは携帯電話やPHS同士のSMS（ショートメッセージサービス）でやり取りされることが前提でした。SMSでは画像の埋め込みが行えないことや、回線が貧弱であ

※11　https://engineering.instagram.com/emojineering-part-1-machine-learning-for-emoji-trendsmachine-learning-for-emoji-trends-7f5f9cb979ad

るなどの制約のため、「絵」をプレーンテキスト上の「文字」として扱う技術が誕生し、NTTドコモの「iモード」やDDIセルラーグループ（KDDI）の「EZweb」、J-PHONE（ソフトバンク）による「J-スカイ」などで絵文字を利用できるようになりました。しかし、これらの絵文字はキャリア独自のルールで符号化されていたため、文字コード間の互換性はなく、キャリア間での絵文字変換は大変困難な状況になりました。

　転機が訪れたのは2011年、Unicode 6.0の絵文字収録です。Unicodeコンソーシアムは絵文字をUnicodeに含め、1つの文字コード体系に統一することで、この困難を回避しようとしました。様々な紆余曲折がありながらも、2011年2月に約750の絵文字が収録されました。2016年のUnicode 9.0では約1,100文字にまで増加しています。各通信キャリアも独自に拡張した文字コードからUnicodeへのシフトを進めていきました。

　こうして統一された絵文字のコード体系ですが、様々な視覚的表現を「文字」として扱おうとするために過度に複雑になっているとの批判もあります。たとえば、Unicodeの絵文字にはZERO WIDTH JOINERと呼ばれる特殊文字を用いた合字や、Emoji Modifiersという特殊文字を用いて肌の色を変化させる仕組みなどがあり、これらはとても複雑なものです。

　Unicode絵文字の複雑さへの批判の中には、「現在のEメールやメッセージングアプリケーションはプレーンテキストを使うわけではないので、画像をインラインで埋め込むべきだ」という主張もあります。この手法として代表的なのが、LINEのスタンプやFacebook MessengerのStickerなどでしょう。事実、Unicode絵文字の仕様を定める技術文書であるUTR #51でも、「長期的なゴールは埋め込み画像の絵文字をサポートすること」※12と明記されています。

　その一方で、「文字」としての特性を活かした絵文字の活用方法も現れています。たとえば、災害時の情報拡散です。「#🌀（台風）」などの絵文字ハッシュタグを使うことで、言語を問わず情報を素早く拡散しようとする試みもあります。埋め込み画像ではこのような機能は果たせません。

　2015年のオックスフォード辞書「今年の言葉」に😂が選ばれたり、2016年11月には世界初の絵文字カンファレンスである「emojicon」がサンフランシスコで開催されるなど、絵文字への注目度は年々高まりつつあります。今後の動向に注目しましょう。

※12　http://unicode.org/reports/tr51/#Longer_Term

嘘みたいなフォントの話

　中国語のテキストを含むWebサイトをクローリング・スクレイピングしていたときのことです。取得したデータをHTMLとして出力してブラウザから確認したところ、「骨」や「直角」などいくつかの文字の字体が元のサイトと異なることに気づきました。

　「骨」は上部の「冖」の向きが左右反対ですし、「直」に至っては縦棒の一画分が異なります（図3.9）。その他にも細かい違いが何箇所もあります。

　クロール対象のサイトも出力したHTMLも、文字コードはUTF-8です。もちろんCSSの`font-family`も、クロール対象のWebサイトと出力したHTMLで同じフォントを使っています。プログラムもデータベースの設定を確認しても、問題は見当たりません。

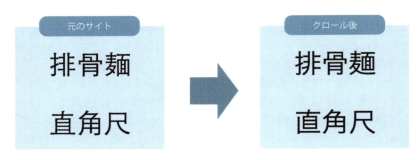

図3.9　クローリングで字体が変わる？

■ 原因

　実は文字コードレベルでは、クロール前とクロール後で一切変化していません。つまり、文字化けではありません。

　それではなぜ字体は変化してしまったのでしょうか？

　この謎を解く鍵は、「ハンユニフィケーション」という概念です。

　Unicodeでは、漢字の収録に際して、日本、中国、韓国の漢字のうち、一部の見た目が近い漢字同士を1つの文字として統合しました。つまり、国によって字体が微妙に異なる文字であっても同じ字の異体字とみなすというわけです。そうすることで、Unicodeに収録する文字のバリエーションを削減

できました。これがハンユニフィケーションと呼ばれるものです。統合された漢字は、China、Japan、Korea各国の頭文字をとって「CJK統合漢字」と呼ばれます。

統合された文字は当然、同一の文字コードを持ちますが、問題になるのはやはり表示の際の字形です。いくら字体の違いが微細だとしても、日本語の漢字として表記したいのに中国語風の字体になってしまう、あるいはその逆では困ってしまいます。HTMLでは、`lang`属性を利用して「そのテキストはどの言語で書かれているのか」を明示することが可能です。たとえば、あるページの文章が英語で書かれている場合は`<html lang="en">`のように`lang`属性を付与する、といった具合です。Google ChromeやFirefox、Safari、Internet Explorerといった主要なブラウザは、この`lang`属性によって利用するフォントを切り替えて描画します（**表3.6**）。

表3.6 lang属性による字体の差異

lang属性の値	表示
ja（日本語）	直角　骨
zh-cn（簡体字中国語）	直角　骨
zh-tw（繁体字中国語）	直角　骨
ko（韓国語）	直角　骨

「骨」や「直角」の字体が変わってしまったのは、この`lang`属性の影響でした。

クロール対象のWebサイトと、集めたデータを表示するWebサイトの間で`lang`属性が異なる場合、**表3.6**に示したように漢字の字体が変化してしまいます。なお、ある漢字の言語による字体の差異を確認したい場合は、フリーグリフデータベースである「グリフウィキ（GlyphWiki）」が参考になります。

- グリフウィキ（GlyphWiki）
  http://glyphwiki.org/wiki/GlyphWiki:%E3%83%A1%E3%82%A4%E3%83%B3%E3%83%9A%E3%83%BC%E3%82%B8

■対策

特定の言語圏のWebサイトをクローリング・スクレイピングして再利用する場合、CSSのフォントだけでなくHTMLの`lang`属性を適切に指定することが重要です（**リスト3.17**）。

リスト3.17　ページ全体の言語をlang属性で指定する　　　　HTML
```html
<!-- ページ全体の内容が中国語である場合 -->
<html lang="zh">
...
</html>
```

海外サイトと日本語サイトのデータをそれぞれクロールして付き合わせるなど、収集したデータの利用の仕方によってはページに各種の言語を混在させたいこともあるかもしれません。そのような場合は、別の言語のデータを内包する要素に`lang`属性を指定するとよいでしょう（**リスト3.18**）。

リスト3.18　ページ内の一部の言語をlang属性で指定する　　　　HTML
```html
<!-- 一部のテキストが中国語の場合 -->
<p>「直角定規」は、中国語で「<span lang="zh-cn">直角尺</span>」といいます。</p>
```

Column　フォントの「豆腐」とは？

　文字コードレベルでは問題なく復号できたものの、対応するフォントがないために正しく表示ができない状態も広義の文字化けといえます。たとえば、新しく追加された絵文字など、環境によってはフォントが存在しないために「□」やスペースに置き換えられてしまった経験をした人も多いでしょう。Internet Explorerなどで対応するフォントが存在しない場合に現れる「□」という小さい四角ですが、これはその姿から「豆腐（tofu）」と呼ばれることがあります。

　Googleによって開発された「Noto」という名前のフォントがありますが、これは「No more tofu」という意味が込められています。世界中の文字に対応する字体を用意することで、「豆腐」をなくそうという意思が込められたネーミングです。

トラブルシューティングのためのTips

　ここまで見てきたように、クローリングを行う際には思わぬところで文字コード関係のトラブルに見舞われることがあります。調査や原因の特定、適切な対応のためには、各種の文字コード関連のツールが威力を発揮します。

　ここからは、文字コードにまつわるトラブルシューティングを行う際に役立つツールやその使い方などのTipsについて紹介します。

■ テキストエンコーディング
—— Google Chromeでエンコーディングを切り替える拡張機能

　クローリングで文字化けが発生した場合、ブラウザが復号に用いる文字コード情報を切り替え、正しく復号できる文字コードを知りたいときが多々あります。正しい文字コード情報がわかればそこから逆算し、クローラーの処理内のどこで間違いが起きたかを知る手がかりにすることができます。

　しかし、Google Chromeでは2016年末ごろのアップデートにより、復号に用いた文字コードの表示・切り替えを行う「エンコーディング」がメニューからなくなりました。これは、文字コードの自動判別処理が高精度化、高速化されたためといわれています。とはいっても、文字化けを起こしたWebサイトに遭遇することは現在でもまれにありますし、デバッグ目的で正しい文字コードを調査する場合には困ってしまいます。筆者は、Google Chromeの拡張機能である、

- テキストエンコーディング
  https://chrome.google.com/webstore/detail/set-character-encoding/bpojelgakakmcfmjfilgdlmhefphglae

を利用しています。この拡張機能を有効にすると、右クリックメニューから適用する文字コードを選択できるようになります（**図3.10**）。

図3.10　Google Chrome拡張「テキストエンコーディング」

■ hexdump —— 16進ダンプでバイト列を確認する

　ブラウザなどのクライアントで表示されるのは文字列、すなわち「バイト列を特定の文字コードに従って復号した結果」です。しかし、トラブルの原因調査のために、もともとのバイト列を確認したい場合もあるでしょう。バイト列の時点までさかのぼって調査を行うためには、16進ダンプツールを使います。ここでは、Unix環境で利用できるhexdumpコマンドを紹介します。

　hexdumpはその名のとおり、読み込んだファイルや標準入力のデータを16進数などでダンプするツールです（リスト3.19）。-Cオプションを付けることで、入力されたバイト列に対応するASCII文字を右側に表示できます。ただし、日本語や絵文字などのマルチバイト文字は1バイト分が.として表示されます。

リスト3.19　-Cオプションを付け、バイト列に対応するASCII文字を表示する

```
$ echo こんにちは、hexdump😀！ | hexdump -C

00000000  e3 81 93 e3 82 93 e3 81  ab e3 81 a1 e3 81 af e3  |................|
00000010  80 81 20 68 65 78 64 75  6d 70 f0 9f 98 80 21 0a  |.. hexdump....!.|
00000020
```

　この結果から、たとえば😀の絵文字は「0xf0 0x9f 0x98 0x80」というバイト列で表現されていることわかります。

　文字化けが起きるWebサイトを調査する場合は、curlコマンドと組み合わせて使います（**リスト3.20**）。

リスト3.20　文字化けが起きるWebサイトを調査する

```
$ curl http://example.com | hexdump -C
```

実行結果

```
...
000003c0  3c 68 31 3e 45 78 61 6d  70 6c 65 20 44 6f 6d 61  |<h1>Example Doma|
000003d0  69 6e 3c 2f 68 31 3e 0a  20 20 20 20 3c 70 3e 54  |in</h1>.    <p>T|
000003e0  68 69 73 20 64 6f 6d 61  69 6e 20 69 73 20 65 73  |his domain is es|
000003f0  74 61 62 6c 69 73 68 65  64 20 74 6f 20 62 65 20  |tablished to be |
00000400  75 73 65 64 20 66 6f 72  20 69 6c 6c 75 73 74 72  |used for illustr|
00000410  61 74 69 76 65 20 65 78  61 6d 70 6c 65 73 20 69  |ative examples i|
00000420  6e 20 64 6f 63 75 6d 65  6e 74 73 2e 20 59 6f 75  |n documents. You|
00000430  20 6d 61 79 20 75 73 65  20 74 68 69 73 0a 20 20  | may use this.  |
00000440  20 20 64 6f 6d 61 69 6e  20 69 6e 20 65 78 61 6d  |   domain in exam|
00000450  70 6c 65 73 20 77 69 74  68 6f 75 74 20 70 72 69  |ples without pri|
00000460  6f 72 20 63 6f 6f 72 64  69 6e 61 74 69 6f 6e 20  |or coordination |
00000470  6f 72 20 61 73 6b 69 6e  67 20 66 6f 72 20 70 65  |or asking for pe|
00000480  72 6d 69 73 73 69 6f 6e  2e 3c 2f 70 3e 0a 20 20  |rmission.</p>.  |
...
```

　日本語圏のWebサイトのようにマルチバイト文字が主体の場合、該当の箇所を見つけるのに少々慣れが必要ですが、いざというときに使えるようになっておくと心強いでしょう。

■ バイナリエディタ ── ファイルを16進ダンプする

`hexdump`はターミナル上で結果を確認する際には手軽ですが、検索などをしようとするとなかなか大変です。込み入った調査を行う場合は、対象のHTMLをいったん手元にファイルとして書き出し、バイナリエディタで開いて調査を行うとよいでしょう。ここでは、Macで利用できるシェアウェア「0xed」を使います。

- 0xed
  http://www.suavetech.com/0xed/

まずは、`curl`コマンドの出力結果をファイルに書き出します（リスト3.21）。

リスト3.21 `curl`コマンドの出力結果をファイルに書き出す

```
$ curl http://example.com > index.html
```

次に、0xedを起動し、書き出したファイルをメニューから選択して開きます。一番左側にファイル先頭からの位置、真ん中にバイト列、右側にASCIIでのプレビューが表示されるところは`hexdump`コマンドと同様です（図3.11）。

バイト列、あるいはASCIIでのプレビュー部分をドラッグ&ドロップで選択した場合、選択した部分の情報が画面下部に表示されます。図3.11のキャプチャは改行文字であるLF（0x0A）を選択したところです。

0xedではそれ以外にも文字列やバイト列での検索も可能です。うまく使いこなせば、文字コードまわりのトラブルシューティングを強力にサポートしてくれるでしょう。

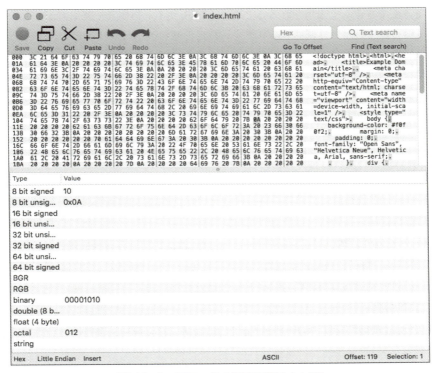

図3.11　0xedでファイル内の文字を選択したところ

3-7 文字コードを推定するには？

　文字コードとはなにか、HTTPやHTMLにおける文字コードの扱い、ハマりがちな落とし穴について見てきました。クロール対象のWebサイトに正しく文字コード情報が含まれていれば、ここまでの知識で問題なくクローリング・スクレイピングが行えるでしょう。
　しかし、残念ながら現実には正しくない「お行儀の悪い」サイトもたくさん存在します。ブラウザの文字コード推定機能の精度向上もあり、誤った指

定方法でも正しく表示されることから、Webサイト制作者や運用者が誤りに気づきにくいという側面もあります。特定のWebサイトのクローリングを行う場合なら、文字コードを決め打ちして処理することも可能ですが、多種多様なWebサイトのクローリングを行う場合はそうもいきません。ここからは一歩進んで、正しい文字コード情報が提供されないケースでも文字化けさせずにクロールする方法を学んでいきましょう。

　ここまでに見てきたように、一般的にウェブコンテンツを提供する側は自身のコンテンツをユーザーが適切に閲覧できるよう`Content-Type`ヘッダや`meta`タグで文字コードを明示しています。しかし、クロール対象サイトのプログラムのバグや、コンテンツ作成時のミスによって、適切な文字コード情報を得られないこともしばしばあります。リスト3.22やリスト3.23は筆者らが実際に遭遇した例です。

リスト3.22　HTTPレスポンス

```
// HTTPヘッダに不適切な文字コード名が指定されている例
// サンプルコードなどをそのまま利用したためか、「文字コード」という文字列が
// URLエンコードされてcharsetパラメータに指定されている
Content-Type: text/html;charset=%E6%96%87%E5%AD%97%E3%82%B3%E3%83%BC%E3%83%89
```

リスト3.23　HTML内の`meta`タグ

```html
<!--
HTMLに不適切な文字コード名が指定されている例
プログラムのバグのためか、Noneという文字列が埋め込まれてしまっている
-->
<meta charset="None">
```

　HTTPレスポンスの`Content-Type`ヘッダやHTML内の`meta`タグから文字コードを取得できない、もしくは有効な文字コード名が指定されていない場合は、レスポンスボディのバイト列から符号化に使われた文字コードを推定することを検討しましょう。

　Javaで文字コード推定を行う代表的なライブラリとして挙げられるのが、juniversalchardetとICU4Jです。

juniversalchardet

https://code.google.com/archive/p/juniversalchardet/

juniversalchardetは、Mozilla製の文字コード判定ライブラリであるuniversalchardetをJavaに移植したもので、コンパクトで扱いやすいAPIが特徴です。UTF-8はもちろんのこと、日本語文字コードではISO-2022-JP、Shift_JIS、EUC-JPの判別が可能です。

リスト3.24にjuniversalchardetを使った文字コード判定のサンプルコードを示します。

リスト3.24　juniversalchardetで文字コード判定を行うメソッド

```java
/**
 * InputStreamのバイト列から文字コードを推定する。
 * @param in 文字コード推定に用いるInputStream
 * @return 推定された文字コード名
 * @throws IOException
 */
public static String detectCharsetName(InputStream in) throws IOException {
    UniversalDetector detector = new UniversalDetector(null);

    int mark;
    byte[] buf = new byte[1024];
    while ((mark = in.read(buf)) > 0 && !detector.isDone()) {
      detector.handleData(buf, 0, mark);
    }
    detector.dataEnd();

    return detector.getDetectedCharset();
  }
```

このメソッドとJsoupを組み合わせるとリスト3.25のようになるでしょう。

リスト3.25　Jsoupと組み合わせて使う　　　　　　　　　　　　　　　　Java

```java
static Pattern charsetAttrPattern = Pattern.compile(➡
"(?i)\\bcharset=\\s*(?:\"|')?([^\\s,;\"']*)");
static Pattern charsetNamePattern = Pattern.compile(➡
"^[a-zA-Z0-9[^\\-+:_.]][a-zA-Z0-9\\-+:_.]+$");

/**
 * バイト列から文字コード名を推定する
 */
public static String detectCharsetName(byte[] bytes) throws IOException {
  InputStream in = new ByteArrayInputStream(bytes);
  UniversalDetector detector = new UniversalDetector(null);

  int mark;
  byte[] buf = new byte[1024];
  while ((mark = in.read(buf)) > 0 && !detector.isDone()) {
    detector.handleData(buf, 0, mark);
  }
  detector.dataEnd();

  return detector.getDetectedCharset();
}

/**
 * 渡された文字コード名が文字コードとしてvalidかを判定
 */
public static Charset validateCharset(String charsetName) {
  Charset charset;
  if (charsetName != null) {
    // 渡された文字列が文字コード名としてvalidか、
    // サポートされている文字コード名かを判定
    Matcher matcher = charsetNamePattern.matcher(charsetName);
    if (matcher.matches() && Charset.isSupported(charsetName)) {
      charset = Charset.forName(charsetName);
    } else {
      // validでない、もしくはサポートされていない場合は
      // デフォルトの文字コードとしてUTF-8を利用
      charset = StandardCharsets.UTF_8;
    }
  } else {
    // 文字コード名がnullだった場合もUTF-8を利用
    charset = StandardCharsets.UTF_8;
  }
```

```
    return charset;
}

public static void main(String args[]) throws IOException {
  String url = "http://example.com";
  Connection.Response response = Jsoup.connect(url).execute();

  Document doc;
  String foundCharsetName = response.charset();

  if (foundCharsetName != null) {
    doc = response.parse();
  } else {
    Document tmpDoc = response.parse();
    Element meta = tmpDoc.select("meta[http-equiv=content-type], ➡
meta[charset]").first();
    if (meta != null) { // 文字コード情報を含む要素がある場合、
                        // そこから文字コード名を取得
      if (meta.hasAttr("charset")) {
        foundCharsetName = meta.attr("charset");
      } else if (meta.hasAttr("http-equiv")) {
        Matcher m = charsetAttrPattern.matcher(meta.attr("content"));
        if (m.find()) {
          foundCharsetName = m.group(1).trim().replace("charset=", "");
        }
      }
    } else { // 文字コード情報を含む要素がない場合、
             // レスポンスのバイト列から文字コード名を推定
      foundCharsetName = detectCharsetName(response.bodyAsBytes());
    }
    Charset foundCharset = validateCharset(foundCharsetName);
    response.charset(foundCharset.name());
    doc = response.parse();
  }

  System.out.println(doc.body());
}
```

3 文字化けと戦う

ICU4J

http://www.ibm.com/developerworks/jp/opensource/icu4j/

　IBMを中心に開発された国際化対応JavaライブラリがICU4Jです。このライブラリのC/C++実装であるICU4Cは、2016年までGoogle Chromeの文字コード判定機能に利用されていたなど、非常に実績のあるライブラリです。文字コード判定以外にも、日付や時刻、通貨などの数値のフォーマットや各国版のカレンダーなど、国際化にまつわる様々な機能が提供されています。

　リスト3.26にICU4Jを使った文字コード判定のサンプルコードを示します。

リスト3.26　ICU4Jで文字コード判定を行うメソッド

```java
/**
 * バイト列から文字コードを推定する。推定確度のスコアが50以上の場合、
 * 推定した文字コードを結果として返す。
 * 推定ができなかった場合、もしくは確度のスコアが50未満の場合はデフォルト
 * の文字コードとしてUTF-8を返す。
 * @param in 文字コード推定に用いるバイト列
 * @return 推定された文字コードに該当するCharsetオブジェクト
 */
public static Charset detectCharset(byte[] in) {
  CharsetDetector detector = new CharsetDetector();
  detector.setText(in);
  CharsetMatch result = detector.detect();

  if (result != null) {
    int confidence = result.getConfidence(); // 推定確度。0 ～ 100の値を取る
    String detectedCharsetName = result.getName();
    return (confidence >= 50) ? Charset.forName(detectedCharsetName) : ➡
StandardCharsets.UTF_8;
  } else {
    return StandardCharsets.UTF_8;
  }
}
```

Java以外の言語での実装

juniversalchardetやICU4Jは、Java以外にも各言語での実装が存在します。利用する言語や目的に応じて使い分けるとよいでしょう（**表3.7**）。

表3.7　juniversalchardet、ICU4JのJava以外の実装

	名前（言語）	入手先
juniversalchardet系	rchardet（Ruby）	https://github.com/jmhodges/rchardet
	chardet（Python）	https://github.com/chardet/chardet
	JsChardet（Node.js）	https://github.com/aadsm/jschardet
ICU系	ICU4R（Ruby）	https://github.com/jchris/icu4r
	pyICU（Python）	https://github.com/ovalhub/pyicu
	chardet（Node.js）	https://github.com/runk/node-chardet

文字コード判定用バイト列の長さと判定精度

juniversalchardetやICU4Jのようなバイト列の並びの特徴から文字コードを推定するライブラリは、与えるバイト列の長さによって判定の精度が変わってきます。与えるバイト列があまりに短いと判定の精度が下がってしまうので、判定に十分な量を与えるようにしましょう。

また、このような文字コード推定ライブラリの注意点として、亜種である文字コードに弱いという特徴があります。たとえば、junivarsalchardetは、大雑把にまとめると次のようなアルゴリズムで文字コードを判定しています。

- 先頭4バイトにBOMがあるかをチェック。確定できる文字コードがあればそれを結果として返す
- BOMでの判定ができない場合、先頭バイトから順に各文字コード別の判定器で判定を行っていく
- 95%以上の確度で該当する文字コードがある場合、その結果を返す
- バイト列の最後までチェックが完了した際、確度が20%以上の文字コードがあればそのうちの最も確度が高いものを判定結果として返す
- 20%以上の確度の文字コードがなければnullを返す

判定機は文字コードごとに用意されていますが、亜種にあたる文字コードの判定機が存在しない場合は当然ですが判定不可能です。対応している文字コードは各ライブラリのドキュメントを確認しましょう。

　また、たとえ亜種にあたる文字コードの判定機が用意されていたとしても、オリジナルの文字コードに追加で収録された文字や置き換えられた文字の出現頻度が低い場合はオリジナルの文字コードと判定される可能性が高いでしょう。

> **memo　クローラーと文字コードとプログラミング言語**
>
> 　クローリングを行うプログラムはどの言語で書くのがよいでしょうか？　事前に確認しておきたいのが「そのプログラミング言語がクロール対象サイトの文字コードをサポートしているか」です。
>
> 　クロール対象サイトが英語圏であればどのプログラミング言語でも問題はないでしょうが、ヨーロッパやアジアといった非英語圏のサイト、十数年前に制作されたであろうサイトのクローリングを行う場合、プログラミング言語がそのサイトの文字コードに対応していない場合があります。たとえば、比較的新しい言語であるNode.jsは、Shift_JISをサポートしていません。そのため、Node.jsでShift_JISのサイトをクロールする際には、外部ライブラリを利用して文字コードの変換を行う必要があります。
>
> 　各種プログラミング言語がどの文字コードに対応しているかは、**表3.A**のオンラインドキュメントから参照できます。
>
> 表3.A　主なプログラミング言語の文字コード対応
>
> | 言語 | ドキュメント項目 | 参照場所 |
> | --- | --- | --- |
> | Java | サポートされているエンコーディング | https://docs.oracle.com/javase/jp/8/docs/technotes/guides/intl/encoding.doc.html |
> | Python | 7.2.3. 標準エンコーディング | http://docs.python.jp/3.5/library/codecs.html#standard-encodings |
> | Ruby | Rubyがサポートするエンコーディング | https://docs.ruby-lang.org/ja/latest/doc/spec=2fm17n.html#encoding |
> | Go | package encoding | https://godoc.org/golang.org/x/text/encoding#pkg-subdirectories |
> | PHP | サポートされるエンコーディングの概要 | http://php.net/manual/ja/mbstring.encodings.php |
> | Node.js | Buffers and Character Encodings | https://nodejs.org/api/buffer.html#buffer_buffer |

3-8 まとめ

　この章では、文字コードとはどのような概念なのか、クローリングやインデキシング時に文字コードまわりのトラブルを回避するにはどうしたらよいのかを見てきました。

　文字化けは、テキストとバイト列の変換が起きる場所、クライアント・サーバ間での通信や、ファイルの読み書き、データベースとプログラム間での入出力などといった、いわば「境界」で起きうるトラブルです。これらの境界でどのような変換が起こりうるかを認識することが、文字化けを防ぐ上で重要です。

　また、「落とし穴」として例示したような、予想もつかない文字コードまわりのトラブルに遭遇することもあるかもしれません。そのような際、ここまでに学んできた基礎知識があるだけでも解決にぐっと近づくでしょう。扱いの面倒さや歴史的経緯による複雑な仕様から、避けられがちなトピックですが、文字コードのトラブルと戦うことは我々マルチバイト文字圏に生まれた者の宿命です。恐れずに向き合っていきましょう。

CHAPTER 4

スクレイピングの極意

4-1 HTMLからデータを取得する
4-2 CSSセレクタを使いこなす
4-3 スクレイピングしたデータの加工
4-4 メタデータを活用しよう
4-5 まとめ

クロールして取得したHTMLから必要な情報を抜き出すことを「スクレイピング」といいます。

たとえば、オンラインショッピングサイトをクロールして商品情報を収集するクローラーの場合、商品ページのHTMLから商品名、価格などの情報を抽出する必要があります。Webサイトは更新されることもあるので、取得できていた項目がある日突然取得できなくなるということもあります。特定のWebサイトを繰り返しクロールする場合は、なるべくWebサイトの変更に左右されにくい方法でスクレイピングを行う必要があります。

また、抽出した情報がそのまま使用できるとは限りません。抽出した情報からノイズを取り除いたり、使いやすいよう加工したりといった作業も必要になります。

この章では、HTMLから必要な情報をスクレイピングするためのテクニックについて解説します。

4-1 HTMLからデータを取得する

HTMLからデータを取り出すには様々な方法がありますが、ここでは代表的な方法を紹介します。

正規表現

HTMLも単なる文字列ですから、その中から特定箇所を切り出すには正規表現を使用することが考えられます。たとえば、次のような正規表現でHTML中のすべての a タグを取り出すことができるでしょう。

```
<a.*>.*?</a>
```

Javaでは、`java.util.regex.Pattern`クラスで正規表現を使用できます（**リスト4.1**）。

リスト4.1　正規表現でHTML中のすべてのaタグを取り出す

```java
String html = ...

// aタグを取り出すための正規表現
Pattern regex = Pattern.compile("<a.*>.*?</a>");
// Matcherオブジェクトを取得
Matcher matcher = regex.matcher(html);
// 正規表現にマッチした部分をコンソールに出力
while(matcher.find()){
  System.out.println(matcher.group());
}
```

　ただし、HTMLからの特定の要素を抽出するのであれば、一般的には後述するXPathやCSSセレクタを使用するほうが簡単です。

　そのため、HTMLからのスクレイピングを正規表現単体で行うことはあまりありません。しかし、XPathやCSSセレクタで抽出した要素内のテキストから、さらに特定のテキストを切り出す場合などには、正規表現を併用することもあります[※1]。

XPath

　XPathは、XMLの特定の要素を取り出すためのクエリ言語です。XMLの階層構造をパスで表現し、抽出する要素を指定します。たとえば、次のようなXMLがあるとします。

```xml
<?xml version="1.0"?>
<books>
  <book>
    <title>クローリング・ハック</title>
    <publisher>翔泳社</publisher>
  </book>
  ...
</books>
```

※1　このような用途については4-3「スクレイピングしたデータの加工」（P.156）で詳しく説明します。

このXMLからタイトルが"クローリング・ハック"という書籍の出版社を取得するXPathは、次のようになります。

```
/books/book[title/text()='クローリング・ハック']/publisher
```
XPath

XPathは、多くのXML処理用ライブラリでサポートされており、JavaであればAPIとして利用可能です（**リスト4.2**）。

リスト4.2　XPathでスクレイピングする

```java
// ファイルからXMLを読み込む
DocumentBuilderFactory documentBuilderFactory = 
DocumentBuilderFactory.newInstance();
DocumentBuilder documentBuilder = 
documentBuilderFactory.newDocumentBuilder();
Document doc = documentBuilder.parse(new File("books.xml"));

// XPathで検索するための準備
XPathFactory xpathFactory = XPathFactory.newInstance();
XPath xpath = xpathFactory.newXPath();

// publisher要素を取得するためのXPath
XPathExpression expr = xpath.compile("/books/book[title/text()=
'クローリング・ハック']/publisher");

// publisher要素を取得してコンソールに出力
Object result = expr.evaluate(doc, XPathConstants.NODE);
Element element = (Element) result;
System.out.println(element.getTextContent());
```

表4.1に利用頻度の高いXPathの記法を示します。

表4.1　利用頻度の高いXPath

XPathの例	説明
book	カレントノード直下のbook要素
./book	カレントノード直下のbook要素
/book	ルート直下のbook要素
//book	すべてのbook要素
book/*	book要素直下のすべてのノード

XPathの例	説明
book/@title	book要素のtitle属性
book[@title='クローリング・ハック']	title属性が"クローリング・ハック"であるbook要素
book[title/text()='クローリング・ハック']	配下のtitle要素テキストが"クローリング・ハック"であるbook要素

> **memo** ▶ **HTMLをXMLに変換する**
>
> XHTML（XMLの構文で記述するHTML）であれば、本文のようなプログラムでXPathを使用したスクレイピングが可能ですが、通常のHTMLは閉じタグのないタグなどを含むこともあり、そのままではXPathで検索できません。このような場合、HTMLをXMLに変換するライブラリを使用することで、XPathで検索できます。ここでは、TagSoupというJavaライブラリを使用する方法を紹介します。
>
> TagSoupを使用するには、`pom.xml`にリスト4.Aの依存関係を追加します。また、Chapter 1で紹介したcrawler4jを使っている場合は、crawler4jがTagSoupに依存しているので、なにもしなくてもTagSoupが利用可能な状態になっています。
>
> リスト4.A　pom.xmlにTagSoupの依存関係を追加する　　**XML**
>
> ```xml
> <dependency>
>   <groupId>org.ccil.cowan.tagsoup</groupId>
>   <artifactId>tagsoup</artifactId>
>   <version>1.2.1</version>
> </dependency>
> ```
>
> HTMLをXMLに変換するプログラムは、リスト4.Bのようになります。このXMLをDOMパーサでパースし直すことで、`Document`オブジェクトを得ることができます。
>
> リスト4.B　HTMLをXMLに変換する　　**Java**
>
> ```java
> StringWriter out = new StringWriter();
>
> // HTMLファイルを読み込んでXMLに変換
> Parser parser = new Parser();
> parser.setContentHandler(new XMLWriter(out));
> parser.parse(new InputSource(new FileInputStream("test.html")));
>
> // 変換後のXMLを文字列として取得
> String xml = out.toString();
> ```

CSSセレクタ

CSSとは、Cascading Style Sheets（カスケーディングスタイルシート）の略で、HTML、XHTML、XMLなど、マークアップドキュメントの装飾的な表示を指示します。HTMLでは文章の構造を表現し、CSSでは装飾を表現する、というように、構造と装飾を分けるという考えのもとに考案されました。1996年にW3CからCSS1.0が勧告され、現在CSS3まで勧告されています。

CSSセレクタは、このCSSを記述する際に、装飾する要素を指定するためのものです。次のCSSでは、`h1`や`div.content`の部分がCSSセレクタです。

```css
h1 {
  font-size: 180%;
  color: red;
}

div.content {
  padding: 10px;
  color: gray;
}
```

CSSセレクタは、`a`のように単に要素を示すものや、`div > a`（div要素の直下にあるa要素）のように親子関係を表すものなど、様々な指定方法があります。表4.2に利用頻度の高いCSSセレクタを示します。

表4.2　利用頻度の高いCSSセレクタ

■基本的なセレクタ

セレクタ	説明	例
*	すべての要素を表す。全称セレクタ、ユニバーサルセレクタなどとも呼ばれる。また、`#id`は`*#id`と、`*:not(selector)`は`:not(selector)`と同じ意味	`*:not(.detail-a)`
E	要素を表す	`div`
#id	id属性を指定する	`#content`
.class	class属性を指定する。`.contents.detaile-a`のように連結することで、複数のclass属性を指定することができる	`.article`

■結合子

セレクタ	説明	例
E F	Eの子孫関係にあるFを表す	div.labels span
E > F	Eの親子関係にあるFを表す	ul#contents-list > li
E + F	Eの隣り合わせにあるFを表す	li.active + li
E ~ F	Eの後にあるFを表す	h1 ~ div

■属性セレクタ

セレクタ	説明	例
E[foo]	fooという属性を持つ要素を表す	div[data-id]
E[foo="bar"]	fooの値がbarの要素を表す	div[class="contents"]
E[foo~="bar"]	fooの値の1つがbarの要素を表す。Jsoupでは正規表現を指定可能	div[class~="detail-a"]
E[foo^="bar"]	fooの値がbarから始まる要素を表す	div[class^="detail-"]
E[foo$="bar"]	fooの値がbarで終わる要素を表す	img[src$=".png"]
E[foo*="bar"]	fooの値にbarの文字列を含む要素を表す	a[href*="/contents/"]
E[foo|="en"]	fooの値がハイフン区切りの値で、先頭の文字がenの要素を表す。Jsoupでは使用不可	link[hreflang|="en"]

■擬似クラス

セレクタ	説明	例
:not(selector)	指定したセレクタではない要素を表す。否定擬似クラスと呼ばれる	li:not(.ad)

■Jsoupでのみ使用可能なセレクタ

セレクタ	説明	例
:lt(n)	兄弟関係にある要素のうち、最初の要素からn番目までの要素を表す	li:lt(2)
:gt(n)	兄弟関係にある要素のうち、n番目より大きい要素を表す	li:gt(2)
:eq(n)	兄弟関係にある要素のうち、n番目の要素を表す	li:eq(0)
:has(selector)	特定のセレクタを持つ要素を表す	li:has(a)
:contains(text)	特定の文字列を含む要素を表す	th:contains(日時)
:matches(regex)	特定の正規表現にマッチする文字列を持つ要素を表す	th:matches(^日時$)

次ページへ続く

セレクタ	説明	例
`:containsOwn(text)`	特定の文字列を含む要素を表す。文字列は子孫ではなく、その要素自体に含まれなければいけない	`:containsOwn(色)`
`:matchesOwn(regex)`	特定の正規表現にマッチする文字列を持つ要素を表す。正規表現は子孫ではなくその要素自体にマッチしなければいけない	`:matchesOwn(^色$)`
`:containsData(data)`	特定のデータを含む要素。特定のデータを持つ`<script>`や`<style>`要素を検索する際に使用する	`script:contains(jsoup)`
`E[^foo]`	fooから始まる属性を持つ要素を表す。HTML5のdata属性を表すのに利用する	`div[^data-]`

> **memo** 擬似クラス
>
> 擬似クラスは、ドキュメントツリーの外に存在する情報や、単体セレクタで表現できない状態を表すことができます。：（コロン）の後に擬似クラス名とオプションとなる値を記述します。

本書で利用しているJsoupをはじめ、スクレイピング用のライブラリの多くは、CSSセレクタを使用してHTMLドキュメント中の特定の要素を抽出する機能を提供しており、現在この機能はスクレイピングを行う際の標準的な方法となっています。この章では、CSSセレクタを使用したスクレイピングについて詳しく見ていきます。

> **memo** Jsoupで利用可能なCSSセレクタ
>
> Jsoupでは、標準のCSS仕様では定義されていない独自のCSSセレクタを使うことができるほか、一部のセレクタが標準のCSS仕様と異なる挙動をします。たとえば、属性セレクタを使う場合、CSS仕様では値を"（ダブルクォーテーション）で囲まなくてはなりませんが、Jsoupの場合は囲まなくても動作します。
>
> CSS仕様
> ```css
> div[class="contents"]
> ```

Jsoupの場合はこれでもOK

`div[class=contents]` `CSS`

また、`E[foo~=bar]`では値に正規表現を指定できるなど、Jsoup固有のセレクタもあります[※2]。

Jsoupセレクタを利用した際に要素が取得できているか確認できる「Try jsoup」というオンラインツールが提供されています（図4.A）。このツールでは、任意のHTMLに対してJsoupでCSSセレクタがどのように動作するかをテストできます。スクレイピングにJsoupを使う場合はぜひ活用してください。

- Try jsoup

  `https://try.jsoup.org/`

図4.A　Try jsoup

※2　P.140の表4.2「利用頻度の高いCSSセレクタ」を参照。

HTML以外のデータ

　ここまでHTMLからデータを抽出する方法を紹介してきましたが、インターネット上にはHTML以外にも様々な形式のファイルが公開されており、クローラーでこれらのファイルからテキストを抽出したいときもあります。このような場合に便利なのが「Apache Tika」というライブラリです。Apache Tikaを使うと、様々なファイル形式からデータを抽出できます。

- Apache Tika
  https://tika.apache.org/

　Tikaを使用するには、`pom.xml`にリスト4.3の依存関係を追加します。

リスト4.3　`pom.xml`にApache Tikaの依存関係を追加する

```xml
<dependency>
  <groupId>org.apache.tika</groupId>
  <artifactId>tika-parsers</artifactId>
  <version>1.14</version>
</dependency>
```

　リスト4.4に簡単な使用例を示します。この例ではPDFファイルからテキストを抽出していますが、PDF以外でもTikaがサポートしているファイル形式であれば同じようにしてテキストを抽出できます。

リスト4.4　Apache TikaでPDFファイルからテキストを抽出する

```java
// Tikaを使用するための準備
Tika tika = new Tika();

// PDFファイルからテキストを抽出してコンソールに出力
String result = tika.parseToString(new File("sample.pdf"));
System.out.println(result);
```

4-2 CSSセレクタを使いこなす

　HTMLからのスクレイピングにはCSSセレクタを使用することが多いですが、CSSセレクタにも「良い書き方」と「悪い書き方」があります。「良い書き方」とは、誤った要素にマッチしてしまうことなく目的の要素を抽出でき、Webサイトの仕様が変わっても影響を受けにくい記述方法のことです。

　一般的には、要素を一意に特定できる`id`属性や、`class`属性に記述されているクラス名のうち論理的なクラス名を指定するのがCSSセレクタを記述する際の定石ですが、そううまくいくWebサイトばかりではありません。取得したい要素に都合よく`id`属性や`class`属性が指定されているとは限りませんし、そもそもこれらの属性が適切に使用されていない場合もあります。

　このような場合でも適切にスクレイピングするためのCSSセレクタの記述テクニックを紹介していきます。

指定した位置の要素を取得する
　　　── nth-child()

　CSSセレクタには何番目の要素なのかを表す`nth-child()`というセレクタがあります。狙った要素を取り出すことができる便利なセレクタですが、Webサイトの仕様変更やページごとの配置の違いなどに影響を受けやすいという欠点があります。

　たとえば、次のようなHTMLの場合、

```html
<table>
  <tbody>
    <tr>
      <th>品名</th>
      <td>ショルダーバッグ</td>
    </tr>
    <tr>
      <th>値段</th>      ← 「値段」見出しは2行目
      <td>9800円</td>
```

```
    </tr>
  </tbody>
</table>
```

「値段」の値「9800円」を次のセレクタで取得できます。

```
tr:nth-child(2) th + td
```

しかし、同じWebサイト内でも別のページでは、「値段」の見出しを持つ行が3行目に位置しているかもしれません。

```html
<table>
  <tbody>
    <tr>
      <th>品名</th>
      <td>フレアスカート</td>
    </tr>
    <tr>
      <th>色</th>
      <td>白</td>
    </tr>
    <tr>
      <th>値段</th>         ← 「値段」見出しは3行目
      <td>3000円</td>
    </tr>
  </tbody>
</table>
```

この場合、`tr:nth-child(2) th + td`と設定したセレクタは「色」の値「白」を取得してしまい、値段の値を取得できません。

このように、`nth-child()`や`nth-of-type()`など、要素の出現順に依存するセレクタはHTMLのちょっとした構造の違いや変化に影響を受けてしまうため、非常に脆弱です。目的の要素を取得する手段が他にない場合に"仕方なく使う"に止めておくほうがよいでしょう。

テキストノードを文字列で検索する —— contains()

取得したい要素にid属性やclass属性が設定されておらず、nth-child()の使用も避けたいという場合、どのようなセレクタを設定するのがよいのでしょうか？ Jsoupでは、contains()擬似クラスという「テキストノードに特定の文字列を含む要素を表す」擬似クラスを使用できます。

たとえば、次のようなHTMLの場合、

```html
<table>
  <tbody>
    <tr>
      <th>品名</th>
      <td>ショルダーバッグ</td>
    </tr>
    <tr>
      <th>値段</th>
      <td>9800円</td>
    </tr>
  </tbody>
</table>
```

「値段」の値「9800円」を次のセレクタで取得できます。

```css
th:contains(値段) + td
```

W3CのSelectors Level 3の草稿にはもともとcontains()擬似クラスがありましたが、勧告には含まれず、対応しているブラウザも存在しません。しかし、JsoupやPythonのScrapyなどスクレイピング用のライブラリではサポートしているものが多くあります。使い勝手のよいセレクタなので、利用を検討しているライブラリでサポートされているかどうか、各ライブラリのドキュメントを確認してみるとよいでしょう。

テキストノードを正規表現で検索する —— matches()

　Jsoupで使用可能な matches() 擬似クラスは、「正規表現でマッチした文字列を含む要素」を取得できます。正規表現が使用できるため、contains() 擬似クラスよりも柔軟なマッチングが可能です。

　たとえば、Webサイト内で同じ意味を表す項目にもかかわらず、見出しが別の文言で記載されているケースがあります。

```html
<tr>
  <th>値段</th>       見出しが「値段」
  <td>9800円</td>
</tr>
```

```html
<tr>
  <th>価格</th>       見出しが「価格」
  <td>3500円</td>
</tr>
```

　このHTMLでは金額の見出しがそれぞれ「値段」「価格」になっていますが、matches() 擬似クラスを使用すると、次のセレクタでどちらの場合でも取得できます。

```css
th:matches(値段|価格) + td
```

　また、matches() 擬似クラスを使用することで、より正確に要素の抽出を行うこともできます。たとえば、

```html
<tr>
  <td>値段</td>
  <td>9800円</td>
  <td><a href="http://example.com">注文はこちら</a></td>
</tr>
```

のようなHTMLから、値段の値「9800円」を取得するためにcontains()擬似クラスを使用し、次のセレクタを記述したとします。

```
td:contains(値段) + td
```
CSS

しかし、次のように「値段」という文言が値段の値を含むtd要素に含まれる場合、このセレクタは「注文はこちら」という要素も取得してしまいます。

```
<tr>
  <td>値段</td>
  <td>8800円 値段交渉可！</td>
  <td><a href="http://example.com">注文はこちら</a></td>
</tr>
```
HTML

値段の値を含むtd要素に「値段」という文言が含まれる

この場合、matches()擬似クラスを使用して次のように記述すると、「値段」に完全一致する要素を取得できます。

```
td:matches(^値段$) + td
```
CSS

子孫の要素を含めずに検索する —— containsOwn()とmatchesOwn()

contains()擬似クラスやmatches()擬似クラスは、指定した要素の子孫まで含めて検索対象とします。そのため、たとえば次のようなHTMLで「色」の値を抜き出すためにtd:contains(色) + tdと記述しても、<td>赤※色見本あり</td>と<td>1000円</td>の両方のtd要素が取得されてしまいます。

```
<tr>
  <td>色</td>
  <td>赤<span>※色見本あり</span></td>
  <td>1000円</td>
</tr>
```
HTML

これに対し、containsOwn()擬似クラスやmatchesOwn()擬似クラスは、子孫の要素を文字列や正規表現の検索対象としません。よって、このHTMLに対して次のようなセレクタを記述すると、`<td>`赤`<span>`※色見本あり`</span></td>`だけを取得できます。

```css
td:containsOwn(色) + td
```

属性で検索する

属性の有無による検索

　Webサイトによってはid属性やclass属性が指定されておらず、contains()擬似クラスやmatches()擬似クラスで指定可能な見出しもない場合があります。苦肉の策になりますが、要素に目印になるような属性が記述されていれば、「属性セレクタ」を使用してスクレイピングすることが可能です。

　「属性セレクタ」は「特定の属性を持つ要素」を表すことができます。たとえば、

```html
<h1>上野公園で桜の花が満開です</h1>
<div>
    <p>2017年04月20日</p>
    <p style="font-size: 12px;">2017年04月20日に上野公園で桜の花が満開に➡
なりました。・・・</p>
</div>
```

のようなHTMLから「2017年04月20日に上野公園で……」から始まる記事本文を抜き出すには、次のように記述します。

```css
p[style]
```

　これは、かなり強引かつ誤った要素にマッチしてしまう可能性も高いため、積極的に利用すべき方法ではありません。しかし、古いWebサイトなどでは

HTMLのマークアップが不適切な場合が多く、このような方法でしかスクレイピングできないケースが多々あるのです。

また、上記のようなWebサイトとは逆に、Schema.orgのMicrodataなどの構造化データを使用したSEO対策に意欲的なWebサイトでは、属性を活用してデータを表しているので、こちらは積極的に「属性セレクタ」を使ってスクレイピングするべきでしょう[※3]。

Microdataの使用例

```html
<div itemscope itemtype="http://schema.org/Article" itemprop=➡
"mainEntity">
  <h1 itemprop="headline">上野公園で桜の花が満開です</h1>
  <p itemprop="datePublished">2017/04/10</p>
  <p itemprop="articleBody">2017年04月10日に上野公園で桜の花が満開に➡
なりました。・・・</p>
</div>
```

■属性値での検索

属性セレクタは、属性の有無だけでなく、属性の値を指定することもできます。

```html
<h1 itemprop="headline">上野公園で桜の花が満開です</h1>
```

```css
h1[itemprop="headline"]
```

また、複数の属性の値を設定することも可能です。

```html
<h1 class="title" itemprop="headline">上野公園で桜の花が満開です</h1>
```

```css
h1[class="title"][itemprop="headline"]
```

※3　Microdataについては、4-4「メタデータを活用しよう」の「Microdata」（P.174）で詳しく説明します。

属性の値が複数ある場合は、次のように~=を使用できます。この例のセレクタは、class属性の空白区切りの値を取り、その値の1つがmainであるものを表しています。

```html
<h1 class="title main" itemprop="headline">上野公園で桜の花が満開です</h1>
```

```css
h1[class~="main"]
```

> **memo ▶ Jsoupで~=を使用する際の注意点**
>
> 　Jsoupでは、~=を使用した際には属性の値を正規表現で指定するという挙動になります。
> 　たとえば、
>
> ```html
> 
>   <img src="img/large-image-1111.png">
>   <img src="img/small-image-1111.png">
>   <img src="img/large-image-1112.png">
>   <img src="img/small-image-1112.png">
>   <img src="img/icon.png">
> 
> ```
>
> といったHTMLから、large-image、small-imageから始まる画像名を持つimg要素を取得する場合、次のようなセレクタを記述します。
>
> ```css
> img[src~=img/(large|small)-image-[0-9]+.png]
> ```

■属性値の部分一致検索

　CSS3から属性値の一部にマッチする状態を表す「部分マッチ属性セレクタ」が追加されました。部分マッチ属性セレクタを使用すると、属性値に対してより細かな条件指定が可能になります。

前方一致検索 ── [attr^=val]

属性の値が val から始まる要素を表します。

次のようなHTMLから採用情報ページへ遷移するためのURLのみを取得したいときに、href 属性の値が /job-detail から始まる要素のみを取得できます。

```html
<a href="/job-detail.html?id=111">採用情報</a>
<a href="/company-detail.html?id=111">企業情報</a>
```

```css
a[href^=/job-detail]
```

後方一致検索 ── [attr$=val]

属性の値が val で終わる要素を取得できます。

次のような場合に src 属性の値が .jpeg で終わる img 要素のみ取得できます。

```html
<img src="image.png">
<img src="image.jpeg">
```

```css
img[src$=.jpeg]
```

部分一致検索 ── [attr*=val]

属性の値に val を含む要素を表します。

次のような場合に、セレクタで src 属性に image-A という文字列を含む img 要素のみ取得できます。

```html
<img src="large-image-A.png">
<img src="large-image-B.png">
<img src="small-image-A.png">
<img src="small-image-B.png">
```

```
img[src*=image-A]
```

言語コードでの検索 ── [attr|=val]

　属性の値がハイフン区切りの値で、ハイフンの前の部分が`val`のものを取得できます。主に`hreflang`属性や`lang`属性で指定される言語コードをマッチさせるために用意されているものですが、それ以外の属性に対しても使用できます。

　次の場合に、`hreflang`属性が`en`から始まる`link`要素を取得できます。

```html
<link rel="alternate" href="http://example.com/english/➡
index.html" hreflang="en" />
<link rel="alternate" href="http://example.com/english-us/➡
index.html" hreflang="en-us" />
<link rel="alternate" href="http://example.com/english-gb/➡
index.html" hreflang="en-gb" />
```

```
link[hreflang|="en"]
```

　なお、このセレクタはJsoupでは使用できません。

属性値に特定の文字を含まないものを検索する

　属性の部分一致検索を否定擬似クラスと組み合わせることで、属性値に特定の文字を含まない要素を検索できます。

　たとえば、次のように記述すると、`href`属性の値に`^`を含まない`a`要素を取得できます。

```
a:not([href*="^"])
```

　また、P.152「Jsoupで~=を使用する際の注意点」で触れたように、Jsoupでは~=を使用した際に属性の値を正規表現で指定できます。これを利用して正規表現で否定を表すこともできます。次のように記述すると、前述の否定

> **memo** ▶ **バリデーションサービスでHTMLの誤りを調べる**

スクレイピングの際にきちんとCSSセレクタを書いているはずなのに目的の項目が取得できず、よくよく調べてみると「HTMLタグの閉じ忘れなどが原因で、スクレイピング用のライブラリがうまく処理できていなかった」ということがあります。ブラウザは閉じタグのないHTMLでも可能な限り正常に表示してくれますし、ブラウザの開発者向けツールなどでは閉じタグが補完されて表示されるため、気づきにくいのも厄介です。

このような場合、HTMLが正しく記述されているかどうか確認するためのバリデーションサービスを利用するとよいでしょう。

W3Cが提供している「The W3C Markup Validation Service」というサービス（図4.A）では、W3Cの仕様どおりにマークアップされているかどうかを、「WebページのURLを直接入力する」「ファイルをアップロードする」「HTMLを直接入力する」といった方法で確認できます。

● The W3C Markup Validation Service

```
http://validator.w3.org/
```

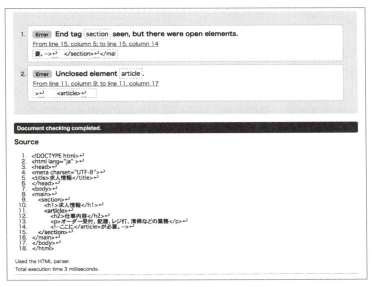

図4.A　The W3C Markup Validation Service

擬似クラスを使用した場合と同じくhref属性の値に^を含まないa要素を取得できます。

```css
a[href~=^(?!.*\^).+$]
```

このようにJsoupでは属性値の検索に正規表現が使用できることで、かなり柔軟な検索が可能になっています。スクレイピングにJsoupを使用している場合はぜひ活用してください。

4-3 スクレイピングしたデータの加工

HTMLからスクレイピングしたテキストはそのままではデータとして使えないことも多く、なんらかの加工が必要になるケースがあります。たとえば、次のようなケースが考えられます。

- スクレイピングした文章から必要なデータを抽出したい
- 微妙に異なるデータを同一のものとして扱えるよう正規化したい
- スクレイピングしたデータを分類するなど、より細かいデータに分解したい

また、Webサイトに掲載されている情報がそもそも間違っているケースもあります。スクレイピングしたデータの用途によっては、これらの誤ったデータを取り除いたり補正したりする必要もあるでしょう。

ここでは、具体的な例を3つ紹介します。

例1 alt属性からデータを取得する

区分値などの項目がアイコン画像で表示されているのを見たことがないでしょうか。たとえば、ショッピングサイトであればSやMといったサイズの表示、求人サイトであれば雇用形態の表示などがあります。このような場合は、

画像だからといってあきらめず、代替テキストであるalt属性からデータを取得して区分値へ変換するとよいでしょう。

```html
<img src="img/size-s.jpeg" class="icon-size" alt="Sサイズ">
<img src="img/size-m.jpeg" class="icon-size" alt="Mサイズ">
<img src="img/size-l.jpeg" class="icon-size" alt="Lサイズ">
```

Jsoupでのコード例を**リスト4.5**に示します。

リスト4.5　Jsoupでalt属性からデータを取得して区分値へ変換する

```java
// alt属性を持つimg要素を取得
Elements elements = doc.select("img.size-icon[alt]");

for(Element e: elements){
  String size = null;

  // alt属性の値をチェックして区分値に変換
  String alt = e.attr("alt");

  switch(alt){
    case "Sサイズ": size = "S"; break;
    case "Mサイズ": size = "M"; break;
    case "Lサイズ": size = "L"; break;
    default: size = "N";
  }

  // 変換結果をコンソールに出力
  System.out.println(size);
}
```

　このような区分を示すアイコンだけでなく、アイキャッチ画像やサムネイル画像などにもalt属性が設定されていることがあります。alt属性には基本的に人が読んでわかりやすいテキストが設定されているので、スクレイピングの対象として活用できます。

例2 金額の抽出

ECサイトをクロールし、商品情報の1つとして価格を取得したいとします。
たとえば、次のようなHTMLであれば、span要素を抽出すれば商品の価格を抽出できます。

```html
<span id="price">1,980円</span>
```

しかし、次のように商品の価格が文章の中に埋もれてしまっている場合もあります。

```html
<span id="price">セール中！今なら大特価 1,980円！！</span>
```

このような場合は、CSSセレクタやXPathなどでspan要素を抽出した後に、なんらかの手段で金額部分を抜き出す必要があります。簡単なのは正規表現を使う方法でしょう。

```
[1-9][,0-9]*?円
```

ただし、次のようにWebサイトやページによって表記にゆれがある場合もあります。

- 1,980円
- １，９８０円
- ￥1,980
- 一万二千円
- 1万2000円

このような場合は、事前に全角数字、漢数字を半角数字に置き換えるなどの正規化を行ったほうが処理しやすくなります。また、金額の単位にゆれがある場合は、それらを統一する必要があります。

- 12,000円
- 一万二千円
- 1万2000円

すべて「12000」に変換したい！

suuji-converterというJavaライブラリを使うと、このような数字文字列から数値への変換を行うことができます。

- suuji-converter
  https://github.com/bizreach/suuji-converter

suuji-converterを使用するには、`pom.xml`にリスト4.6の依存関係を追加します。

リスト4.6 `pom.xml`にsuuji-converterの依存関係を追加する

```xml
<dependency>
  <groupId>jp.co.bizreach</groupId>
  <artifactId>suuji-converter</artifactId>
  <version>1.0.0</version>
</dependency>
```

使い方はリスト4.7のように非常に簡単ですが、`SuujiConverter`に渡す文字列は数字部分だけである必要があります。前後に余計な文字列が入っていると、うまく変換できないことがあります。

リスト4.7 suuji-converterで数字文字列から数値へ変換する

```java
import jp.co.bizreach.suuji.SuujiConverter;

...

long value1 = SuujiConverter.convert("1万2000");       // => 12000
long value2 = SuujiConverter.convert("1万2千5百四十"); // => 12540
long value3 = SuujiConverter.convert("2千5百万");      // => 25000000
long value4 = SuujiConverter.convert("2千500万");      // => 25000000
long value5 = SuujiConverter.convert("2000万");        // => 20000000
long value6 = SuujiConverter.convert("2千万");         // => 20000000
```

実際のスクレイピングでは、仮にこのようにしてうまく取得できても、さらに税込価格、税別価格の判定が必要な場合や、抽出したデータが間違っている場合もあります。ECサイトなどでも、ミスにより本来ありえない商品価格が掲載され、その商品を注文してしまった顧客への対応が話題になることがありますが、やはり人間が入力している以上、どうしても間違いが出てきます。想定するデータのレンジから明らかに逸脱するデータに関しては、異常データとして除外する、ということも必要になってきます。

 例3 住所の抽出

　もう1つの例は、住所です。たとえば、スクレイピングして次のような住所を得たとします。

実行結果

東京都渋谷区渋谷2-15-1 渋谷クロスタワー12F

　単に文字列としてこのデータを保存しておくだけならこのままでもよいですが、次表のような情報に分解したり、緯度・経度などの情報を付与したりできると、検索や分析など様々な用途にデータを活用できるでしょう。

項目	情報
都道府県	東京都
市区町村	渋谷区
市区町村以下	渋谷
番地	2-15-1
施設名	渋谷クロスタワー

　ただし、住所の解析には膨大な住所データが必要であり、手軽に実装できるものではありません。そこでここでは、Google Mapで提供されているWeb APIを使用して分解する方法を紹介します。
　Google Mapは、いわずと知れたオンライン地図サービスですが、開発者向けに様々なWeb APIを提供しています。その中のGeocoding APIを使用

すると、緯度・経度と分解された住所情報を取得できます。

たとえば、「東京都渋谷区渋谷2-15-1 渋谷クロスタワー12F」の情報を取得するには、次のURLにGETリクエストを送信します（**address**パラメータに住所文字列をURLエンコードしたものを指定します）。

URLエンコードした住所文字列を address パラメータに指定

```
https://maps.googleapis.com/maps/api/geocode/json?address=%E6%9D%B1%E4%BA%AC%E9%83%BD%E6%B8%8B%E8%B0%B7%E5%8C%BA%E6%B8%8B%E8%B0%B72-15-1%20%E6%B8%8B%E8%B0%B7%E3%82%AF%E3%83%AD%E3%82%B9%E3%82%BF%E3%83%AF%E3%83%BC12F
```

すると、次のようなJSON形式のレスポンスを得ることができます。

実行結果 JSON形式のレスポンス　　　　　　　　　　　　　　　　　　JavaScript

```javascript
{
  "results" : [
    {
      "address_components" : [
        {
          "long_name" : "渋谷クロスタワー",
          "short_name" : "渋谷クロスタワー",
          "types" : [ "premise" ]
        },
        {
          "long_name" : "1",
          "short_name" : "1",
          "types" : [ "political", "sublocality", "sublocality_level_4" ]
        },
        {
          "long_name" : "15",
          "short_name" : "15",
          "types" : [ "political", "sublocality", "sublocality_level_3" ]
        },
        {
          "long_name" : "2丁目",
          "short_name" : "2丁目",
          "types" : [ "political", "sublocality", "sublocality_level_2" ]
        },
        {
          "long_name" : "渋谷",
          "short_name" : "渋谷",
          "types" : [ "political", "sublocality", "sublocality_level_1" ]
```

```
      },
      {
          "long_name" : "渋谷区",
          "short_name" : "渋谷区",
          "types" : [ "locality", "political" ]
      },
      {
          "long_name" : "東京都",
          "short_name" : "東京都",
          "types" : [ "administrative_area_level_1", "political" ]
      },
      {
          "long_name" : "日本",
          "short_name" : "JP",
          "types" : [ "country", "political" ]
      },
      {
          "long_name" : "150-0002",
          "short_name" : "150-0002",
          "types" : [ "postal_code" ]
      }
  ],
  "formatted_address" : "日本、〒150-0002 東京都渋谷区渋谷2丁目15−1 ➡
渋谷クロスタワー",
  "geometry" : {
      "bounds" : {
          "northeast" : {
              "lat" : 35.6589889,
              "lng" : 139.7055822
          },
          "southwest" : {
              "lat" : 35.658528,
              "lng" : 139.7050227
          }
      },
      "location" : {
          "lat" : 35.6587806,
          "lng" : 139.705258
      },
      "location_type" : "ROOFTOP",
      "viewport" : {
          "northeast" : {
              "lat" : 35.6601074302915,
              "lng" : 139.7066514302915
```

```
            },
            "southwest" : {
                "lat" : 35.6574094697085,
                "lng" : 139.7039534697085
            }
        }
    },
    "partial_match" : true,
    "place_id" : "ChIJaxXQIlmLGGARTOZ1-hpLB5I",
    "types" : [ "premise" ]
    }
  ],
  "status" : "OK"
}
```

ただし、APIに渡す住所文字列にノイズが入っていると、解析できないことがあります。そのため、スクレイピングした文字列に住所以外の文字列が含まれている場合は、住所と思われる部分を抽出した上でAPIに渡す必要があります。

また、このAPIには、秒間50回、1日2500回までの利用制限があります。これ以上のリクエストを行いたい場合は、APIキーを取得した上で利用料に応じて料金を支払う必要があります。

4-4 メタデータを活用しよう

Webページのメタデータ

Webページのタイトルはtitle要素から取得できますが、他にも概要やサムネイル画像など、様々な情報がメタデータとして定義されていることがあります。これらのメタデータは、Googleなどの検索エンジンに対するSEOや、SNSで拡散する際に使用されることを目的として付与されているもので、コンテンツのメタデータとして活用できます。

■ metaタグ

metaタグは様々な用途に使われますが、古くからGoogleなどの検索エンジン向けにWebページの情報を効果的に伝えるために使用されていました。リスト4.8はmetaタグでWebページのメタデータを定義する例です。

リスト4.8 metaタグでのWebページのメタデータの定義例

```html
<head>
  <title>クローリングハック</title>
  ...
  <meta name="description" content="クローリングハック ➡
あらゆるWebサイトをクロールするための実践テクニック">
  <meta name="keywords" content="クローラー,スクレイピング,文字コード">
  ...
</head>
```

descriptionにはWebページの概要、keywordsには検索キーワードがカンマ区切りで設定されています。現在のGoogleではkeywordsを設定しても効果がないとされていますが、多くのWebサイトではdescriptionとセットで定義されています。

■ PageMap

PageMapはGoogleカスタム検索（https://cse.google.com/cse/）で使用されるメタデータで、HTML内にコメントの形で埋め込まれています（リスト4.9）。用途が限られるので設定されているケースは少ないですが、Googleカスタム検索が導入されているWebサイトであればこのメタデータが定義されていることが期待できます。

リスト4.9 HTMLに埋め込まれたPageMapの例

```html
<!--
  <PageMap>
    <DataObject type="action">
      <Attribute name="label" value="Download"/>
      <Attribute name="url" value="http://www.scribd.com/document_ ➡
downloads/20258723?extension=pdf"/>
      <Attribute name="class" value="Download"/>
    </DataObject>
```

4-4 メタデータを活用しよう

```
    <DataObject type="action">
      <Attribute name="label" value="Fullscreen View"/>
      <Attribute name="url" value="http://d1.scribdassets.com/⮕
ScribdViewer.swf?document_id=20258723&access_key=⮕
key-27lwdyi9z21ithon73g3&version=1&viewMode=fullscreen"/>
      <Attribute name="class" value="fullscreen"/>
    </DataObject>
  </PageMap>
-->
```

PageMapには自由にメタデータを定義できますが、Googleカスタム検索で認識されるのは**表4.3**のもののみです。

表4.3 Googleカスタム検索でサポートされているメタデータ

DataObject	必須Attribute
thumbnail	src、height、width
action	label、url、class
publication	author、date、category

ただし、HTMLのコメントとして埋め込まれているため、Jsoupなどを使ってCSSセレクタで直接メタデータを抽出できません。少々面倒ですが、**リスト4.10**のようにコメントノードを1つずつチェックするプログラムが必要になります。

リスト4.10 PageMapを抽出するプログラムの例

```java
public static void main(String[] args) throws Exception {
  // HTMLをパース
  Document doc = Jsoup.parse(...);
  // HTML内の全ノードを再帰的に処理
  processNode(doc);
}

private static void processNode(Node node){
  for(Node child: node.childNodes()){
    if(child instanceof Comment){
      // コメントだった場合
      Comment comment = (Comment) child;
```

```
      if(comment.getData().trim().startsWith("<PageMap>")){
        // コメントの内容がPageMapだった場合
        parsePageMap(comment.getData());
      }
    } else {
      // コメント以外のノードだった場合は再帰処理
      processNode(child);
    }
  }
}

private static void parsePageMap(String comment){
  // PageMapをパース
  Document pageMap = Jsoup.parse(comment);

  // CSSセレクタでメタデータを抽出して表示
  Elements elements = pageMap.select(
      "DataObject[type=thumbnail]>Attribute[name=src]");

  System.out.println(elements.attr("value"));
}
```

OGP

OGPとは「Open Graph Protocol」の略で、FacebookなどのSNSでリンク元の情報をリンク先へわかりやすく伝えるための情報をmetaタグへ記述したものです（図4.1）。

- The Open Graph protocol
  http://ogp.me/

- Open Graph story - シェア機能 - ドキュメンテーション - 開発者向けFacebook
  https://developers.facebook.com/docs/sharing/opengraph

図4.1　OGPがFacebookで表示されている

　これらの情報は、画像などコンテンツとして価値のあるものを効率よく取得できます。

　OGPの仕様は後述するRDFaの規約に基づいており、リスト4.11のようにheadタグ内のmetaタグにproperty属性とcontent属性を記述します。

リスト4.11　OGP

```html
<head prefix="og:http://ogp.me/ns#">
  <meta property="og:title" content="上野公園で桜の花が満開です" />
  <meta property="og:description" content="2017年04月10日に上野公園で➡
桜の花が満開になりました。" />
  <meta property="og:type" content="article" />
  <meta property="og:url" content="http://example.com/news/001.html" />
  <meta property="og:image" content="http://example.com/sample.jpg" />
</head>
```

基本的なメタデータ

　表4.4の4つのプロパティは必須になります。

表4.4 必須のメタデータ

プロパティ	説明
og:title	コンテンツのタイトル
og:type	コンテンツのタイプ。タイプにはarticle、music、movieなどがあり、タイプによって必須の項目が変わる
og:image	コンテンツを表す画像のURL
og:url	コンテンツの恒久的に使用可能なURL

任意のメタデータ

表4.5のプロパティは任意になります。

表4.5 任意のメタデータ

プロパティ	説明
og:audio	コンテンツに付随するオーディオファイルのURL
og:description	コンテンツの説明文
og:determiner	タイトルの前に付ける語句。a、an、the、""、autoから選択できる
og:locale	マークアップされている言語と地域の情報。デフォルトではen_US
og:locale:alternate	その他の利用可能な言語と地域の情報
og:site_name	サイト名
og:video	コンテンツに付随するビデオファイルのURL

構造化プロパティ

構造化プロパティはコンテンツのタイプやサイズなどの表示や、データへのアクセス方法などについてのオプションになります（表4.6）。

表4.6 構造化プロパティ

プロパティ	説明
og:image:url	og:imageと同じ
og:image:secure_url	HTTPSでアクセスする必要がある場合の代替URL
og:image:type	イメージのMIMEタイプ。image/png、image/jpeg、image/gifのように記述する
og:image:width	イメージの幅のピクセルサイズ
og:image:height	イメージの高さのピクセルサイズ

複数設定

同じプロパティが複数ある場合は並べて記述します（リスト4.12）。競合した場合は先に記述されたものが優先されます。

リスト4.12　OGPでは同じプロパティが複数ある場合は並べて記述できる
```html
<meta property="og:image" content="http://example.com/sample1.jpg" />
<meta property="og:image" content="http://example.com/sample2.jpg" />
```

さらに、サイズなどの構造化プロパティをそれぞれに設定することも可能です（リスト4.13）。

リスト4.13　OGPでは構造化プロパティをそれぞれ設定できる
```html
<meta property="og:image" content="http://example.com/sample1.jpg" />
<meta property="og:image:width" content="300" />
<meta property="og:image:height" content="300" />
<meta property="og:image" content="http://example.com/sample2.jpg" />
<meta property="og:image:width" content="500" />
<meta property="og:image:height" content="500" />
<meta property="og:image" content="http://example.com/sample3.jpg" />
```

高さ300px、幅300pxの`sample1.jpg`と高さ500px、幅500pxの`sample2.jpg`を表しています。`sample3.jpg`にはサイズを指定する構造化プロパティがないため、不特定のサイズということになります。

■ Twitter Card

Twitter CardはOGPと似ていますが、その名のとおりTwitterで利用されるメタデータです。両者ともSNS向けのメタデータということから、OGPとTwitter Cardがセットで定義されていることも多いようです。

リスト4.14　Twitter Card
```html
<meta name="twitter:card"  content="summary_large_image" />
<meta name="twitter:image" content="http://example.com/sample.jpg" />
<meta name="twitter:title" content="上野公園で桜の花が満開です" />
<meta name="twitter:description" content="2017年04月10日に上野公園で
桜の花が満開になりました。" />
```

このメタデータが設定されているWebページがTwitter上でツイートされると、図4.2のようにカード状に表示されます。

図4.2　Twitter Card

Twitter Cardには次の4種類があり、それぞれに指定可能なメタデータが異なります。

- `summary`
  コンテンツのタイトル、説明、サムネイル画像などが表示されるカード。
- `summary_large_image`
  summaryカードと似ているが、画像が大きく配置されるカード。
- `player`
  動画やオーディオ、スライドショーを閲覧できるカード。
- `app`
  モバイルアプリケーションを直接ダウンロードできるカード。

表4.7にTwitter Cardでサポートされている主なメタデータを示します。

表4.7　Twitter Cardで指定可能な主なメタデータ

プロパティ	説明
twitter:card	カードの種類（summary、summary_large_image、app、playerのいずれか）
twitter:site	Webサイト作成者の@ユーザー名（twitter:site:idとどちらかを指定）
twitter:site:id	Webサイト作成者のユーザーID（twitter:siteとどちらかを指定）
twitter:creator	コンテンツ作成者の@ユーザー名（twitter:creator:idとどちらかを指定）
twitter:creator:id	コンテンツ作成者のユーザーID（twitter:creatorとどちらかを指定）
twitter:description	コンテンツの概要（最大200文字まで）
twitter:title	コンテンツのタイトル（最大70文字まで）
twitter:image	画像のURL（Twitterでは画像形式やファイルサイズの制限あり）
twitter:image:alt	画像の代替テキスト（最大420文字まで）

構造化マークアップ

　世の中のWebサイトを、みんなが好き勝手な構造でマークアップしていると、あるWebサイトではコンテンツのタイトルが**h1**タグで書かれているが、別のWebサイトではタイトルも本文も**p**タグで書かれている、というようなことがありえます（**リスト4.15**）。人がブラウザでWebサイトを訪れてページを見た際は、周辺情報なども含めて見ることによってタイトルを正しく認識できます（**図4.3**）。

リスト4.15　タイトルがpタグのWebページ

```html
<div>
  <p style="color:#0004ff; font-size:150%;">上野公園で桜の花が満開です</p>
  <p>2017/04/10</p>
  <p>2017年04月10日に上野公園で桜の花が満開になりました。・・・</p>
</div>
```

```
上野公園で桜の花が満開です

2017/04/10

2017年04月10日に上野公園で桜の花が満開になりました。・・・
```

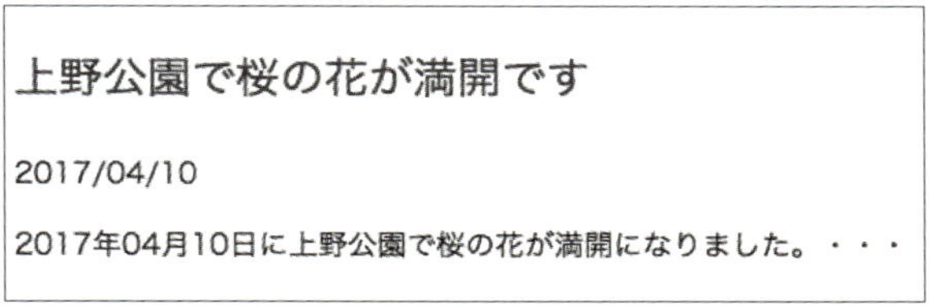

図4.3　タイトルがpタグでも人は正しく認識できる

一方でクローラーはそううまくはいきません。タイトルをh1タグから取得しているクローラーにとっては、pタグのタイトルは認識できず「タイトルがない！」ということになってしまいます（図4.4）。

```
<div>
    <p style="color:#0004ff; font-size:150%;">上野公園で桜の花が満開です</p>
    <p>2017/04/10</p>
    <p>2017年04月10日に上野公園で桜の花が満開になりました。・・・</p>
</div>
```

図4.4　クローラーはどれがタイトルなのかわからない

　文字の色や大きさ、文脈などではなく、クローラーのような機械でも解釈できるような目印があれば、人と同じように情報を正しく認識できます。このように、要素に対して、それがどういった情報なのかを示すメタデータを付与することで、クローラーのような機械が効率よく正しい情報を取得できるようにすることを目指す「セマンティックWeb」という考えがあります。セマンティックWebにおいて、メタデータは次のような構造化マークアップを使って表すことができます。

- Microformats
- Microdata
- RDFa/RDFa Lite
- JSON-LD

　これにより、情報に意味（セマンティック）を持たせることが可能となり、クローラーのような機械でもその情報の意味を認識できるようになるのです。Webサイトによっては、このようなメタデータを用いてページを構成しているので、使わない手はありません。

それでは、それぞれどのように使用されているのか具体的に見ていきましょう。

■ Microformats

Microformatsは、HTMLタグ内の`class`属性や`rel`属性などにメタデータを付与することで、要素の意味を表すことができます。

リスト4.16のHTMLでは、`div`タグの`class`属性に`hentry`を指定することで、そのタグ内の要素がコンテンツであることを表しています。さらに`p`タグの`class`属性に指定された、`entry-title`がタイトル、`published`が公開日、`entry-content`が本文であることをそれぞれ表しています。

リスト4.16 Microformats

```html
<div class="hentry">
  <p class="entry-title">上野公園で桜の花が満開です</p>
  <p class="published">2017/04/10</p>
  <p class="entry-content">2017年04月10日に上野公園で桜の花が満開になり➡
ました。・・・</p>
</div>
```

スクレイピングをする際のセレクタは、`.entry-title`というように`class`属性を指定するだけでよくなります。もしWebサイトのレイアウト変更によってタイトルが`p`タグから`div`タグに変更されたとしても、要素の意味を表しているメタデータは影響を受けにくいため、定期的にクローリングするときに問題となるHTMLの変更に強いともいえるでしょう。

一方で`class`属性にMicroformatsの属性値を記述するという仕様は、CSSに使用している`class`属性なのかMicroformatsに使用しているものなのか、ひと目では見分けにくいというデメリットもあります。スクレイピングをする際は、`class`属性に指定されているものがすべてMicroformatsのメタデータとは限らないという点に留意しましょう。

Microformatsを利用する際に使用できる共通のボキャブラリ（語彙）は、次のWebサイトに定義されています。

- Microformats Wiki

    http://microformats.org/wiki/Main_Page

■ Microdata

MicrodataはMicroformatsと同様にHTMLの属性にメタデータを記述することで要素の意味を表しますが、`class`属性や`rel`属性ではなく`item`から始まる独自の属性を使用します（リスト4.17）。

リスト4.17 Microdata

```html
<div itemscope itemtype="http://schema.org/Article" itemprop=➡
"mainEntity">
  <p itemprop="headline">上野公園で桜の花が満開です</p>
  <p itemprop="datePublished">2017/04/10</p>
  <p itemprop="articleBody">2017年04月10日に上野公園で桜の花が満開に➡
なりました。・・・</p>
  <!-- 一部必須項目省略 -->
</div>
```

Microdataには、以下に示すグローバル属性があります。

`itemscope`属性

`itemscope`属性は、Microdataを使用している要素であることを宣言する属性です（リスト4.18）。グローバル属性なので、すべての要素に対して使用することが可能です。

リスト4.18 Microdataの`itemscope`属性

```html
<div itemscope itemtype="http://schema.org/Article">
<!-- 省略 -->
</div>
```

`itemtype`属性

`itemtype`属性は、ボキャブラリのURLが指定されています（リスト4.19）。

リスト4.19 Microdataの`itemtype`属性

```html
<div itemscope itemtype="http://schema.org/Article">
<!-- 省略 -->
</div>
```

> **memo** ▶ **schema.org**
>
> 2011年にGoogle、Microsoft、Yahoo!、Yandex（ロシアの検索エンジン）がそれぞれ個別のボキャブラリを定義するのではなく、共通のボキャブラリを策定するための取り組みを始めました。それがschema.orgです。schema.orgではMicrodata、RDFa、JSON-LDの構造化データを記述する際に使用可能な共通のボキャブラリを定義しています[※4]。ボキャブラリには`CreativeWork`や`Event`などの一般的なものから`Volcano`（火山）などの細かなものまで、600近くが定義されています。
>
> schema.orgのボキャブラリは、2017年現在で約1000万サイトで使用されています。Googleでは構造化データを使用するにあたって、schema.orgのボキャブラリを使用したMicrodataとJSON-LDを推奨しています。
>
> schema.orgにおいて、ボキャブラリは階層構造になっています（図4.A）。
>
> ● Full Hierarchy - schema.org
>
>   `http://schema.org/docs/full.html`
>
> 最上位は`Thing`で、最も一般的なプロパティが定義されており、その下位の階層に`Action`、`CreativeWork`、`Event`、`Intangible`、`Organization`、`Person`、`Place`、`Product`といったボキャブラリが続きます。
>
>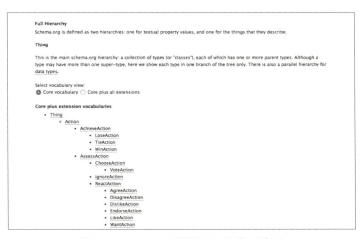
>
> 図4.A　schema.orgに定義されているボキャブラリ

※4　RDFaについてはP.179の「RDFa/RDFa Lite」、JSON-LDについてはP.181の「JSON-LD」で詳しく説明します。

たとえば、Thingのプロパティ定義は図4.Bのようになっています。

● Thing – schema.org

http://schema.org/Thing

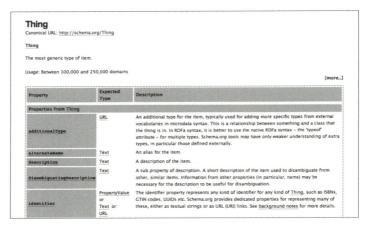

図4.B　Thingが持つプロパティ

なお、プロパティは下位階層のボキャブラリへ継承されます（図4.C）。どういうことかというと、たとえばThingの下位階層であるCreativeWorkは、Thingで定義されているプロパティdescriptionを利用することが可能です。

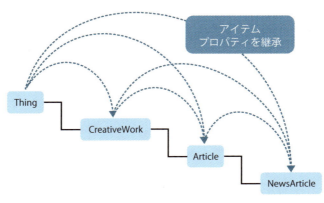

図4.C　プロパティは下位階層のボキャブラリへ継承される

itemprop属性

`itemtype`属性に指定されているボキャブラリの中から、`itemprop`属性にプロパティが指定されています（**リスト4.20**）。よって、これが要素の意味を表していることになります。

リスト4.20　Microdataの`itemprop`属性

```html
<div itemscope itemtype="http://schema.org/Article" itemprop="mainEntity">
    <h1 itemprop="headline">上野公園で桜の花が満開です</h1>
    <p itemprop="datePublished">2017/04/10</p>
    <p itemprop="articleBody">2017年04月10日に上野公園で桜の花が
満開になりました。・・・</p>
    <div itemprop="image" itemscope itemtype="https://schema.org/ImageObject">
        <img itemprop="image" src="img/sakura.jpg" alt="桜の花" />
        <meta itemprop="url" content="http://exsample.com/img/sakura.jpg">
        <meta itemprop="width" content="350">
        <meta itemprop="height" content="200">
    </div>
    <p itemprop="author">上野 桜</p>
    <div itemprop="publisher" itemscope itemtype="http://schema.org/Organization">
        <meta itemprop="name" content="公園情報局">
        <div itemprop="logo" itemscope itemtype="https://schema.org/ImageObject">
            <img src="http://exsample.com/img/logo.jpg" />
            <meta itemprop="url" content="http://exsample.com/img/logo.jpg">
            <meta itemprop="width" content="50">
            <meta itemprop="height" content="50">
        </div>
    </div>
</div>
```

itemref属性

`itemref`属性を使用すると、`itemscope`属性で宣言した範囲外の要素をプロパティとして追加できます。この機能はイメージしにくいかもしれないので、まずは**リスト4.21**の例を見てください。

リスト4.21 Microdataの`itemref`属性

```html
<div itemscope itemtype="http://schema.org/Article" itemprop=
"mainEntity" itemref="article">
  <p itemprop="headline">上野公園で桜の花が満開です</p>
  <p itemprop="datePublished">2017/04/10</p>
  <p itemprop="articleBody">2017年04月10日に上野公園で桜の花が満開に
なりました。・・・</p>
</div>
<div id="article">
  <p itemprop="author">上野 桜</p>
  <!-- 一部必須項目省略 -->
</div>
```

　ここで、`itemprop`が`author`の「上野 桜」に注目してください。この要素は、`itemscope`属性が指定されている`div`タグの外にあるため、スコープ外ということになります。そのため、本来であれば`author`の情報は取得できませんが、スコープ外の要素に`id`を振り（ここでは`article`）、その`id`を`itemref`属性に指定することで、スコープ外の要素であっても取得できるようになるのです。

　`itemref`属性は、`itemscope`属性および`itemtype`属性を付与している要素に指定されます。

Column　W3Cでの勧告とMicrodata DOM APIについて

　W3CではもともとMicrodataはHTML5の仕様の一部でした。当初はMicrodata DOM APIの仕様も策定されており、FirefoxやOperaでサポートされていましたが、あまり実装が進んでいませんでした。2013年にはHTML5からMicrodataを削除し、HTML Microdataを独立した仕様として公開することが決定しました。

- WG Decision to remove Microdata from HTML 5.0, remove JS API, continue HTML Microdata as a separate spec
  http://lists.w3.org/Archives/Public/public-html-admin/2013Jul/0041.html

> それに伴ってブラウザの開発も停止し、Microdata DOM APIをサポートしているブラウザもなくなりました。そして2017年5月に、廃止されたMicrodata DOM APIを除いたHTML Microdataの仕様がドラフトとして公開されました。
>
> ● HTML Microdata - W3C
>   https://www.w3.org/TR/microdata/

■ RDFa/RDFa Lite

　RDFa（RDF in Attributes）は、HTML/XHTMLへ直接メタデータを記述するためにRDF（Resource Description Framework）を拡張した仕様です。このRDFaは、機能としては優れているものの、仕様が複雑で難易度が高いという難点があります。そこでRDFaをより簡単に使えるようにしたものがRDFa Liteです。

　RDFa Liteは、以下に示す5つの属性で構成されています。

vocab属性、typeof属性、property属性

　RDFa Liteでは、`vocab`属性に使用するボキャブラリがあるURLが指定されています（リスト4.22）。具体的なボキャブラリは`typeof`属性に指定されており、`property`属性はMicrodataでいうところの`itemprop`属性に相当します。

リスト4.22　RDFa Liteのvocab属性、typeof属性、property属性

```html
<div vocab="http://schema.org/" typeof="Article">
  <p property="headline">上野公園で桜の花が満開です</p>
  <p property="datePublished">2017/04/10</p>
  <p property="articleBody">2017年04月10日に上野公園で桜の花が満開に➡
なりました。・・・</p>
  <p property="author">上野 桜</p>
  <!-- 一部必須項目省略 -->
</div>
```

resource属性

`resource`属性は、アイテムに一意な識別子を付与するときに使われます（**リスト4.23**）。

リスト4.23　RDFa Liteの`resource`属性 　　　　　　　　　　　　　　HTML
```html
<p property="author" resource="#ueno.sakura" typeof="Person">
  <span property = "name">上野 桜</ span>
</p>
```

このページのURLが`http://example.com/news/001.html`の場合、上記の識別子は`http://example.com/news/001.html#ueno.sakura`になります。

prefix属性

`prefix`属性は、`vocab`属性に指定したボキャブラリ以外のボキャブラリも使用するときに使われます（**リスト4.24**）。

リスト4.24　RDFa Liteの`prefix`属性 　　　　　　　　　　　　　　　HTML
```html
<div vocab="http://schema.org/" prefix="foaf :http://xmlns.com/
foaf/0.1/" typeof="Article">
  <p property="headline">上野公園で桜の花が満開です</p>
  <p property="datePublished">2017/04/10</p>
  <p property="articleBody">2017年04月10日に上野公園で桜の花が満開に
なりました。・・・</p>
  <div typeof="foaf:Person">
    <p property="foaf:name">上野　桜</p>
    <p property="foaf:birthday">11-11</p>
  </div>
  <!-- 一部必須項目省略 -->
</div>
```

- RDFa Lite 1.1 - Second Edition

  https://www.w3.org/TR/rdfa-lite/

- Data Model - schema.org

  http://schema.org/docs/datamodel.html

JSON-LD

JSON-LD（JSON for Linked Data）は、MicrodataやRDFa/RDFa Liteとは異なり、プロパティをJSON形式で記述します（リスト4.25）。HTMLでは、`script`タグの中に定義されています。

リスト4.25　JSON-LD

```html
<head>
<script type="application/ld+json">                    ❶
{
  "@context": "http://schema.org",                     ❷
  "@type": "Article",                                  ❸
  "headline": "上野公園で桜の花が満開です",
  "datePublished": "2017/04/10",
  "articleBody": "2017年04月10日に上野公園で桜の花が満開になりました。・・・",
  "author": "上野 桜",
  "image":{
    "@type": "ImageObject",
    "height": "240px",
    "width": "360px",
    "author": "上野 桜",
    "contentLocation": "上野公園",
    "contentUrl": "sakura.jpg",
    "url": "http://exsample.com/img/sakura.jpg",
    "datePublished": "2017/04/10",
    "description": "満開になった桜",
    "name": "桜"
  }
}
<!-- 一部必須項目省略 -->
</script>
</head>
<body>
<div>
  <p>上野公園で桜の花が満開です</p>
  <!-- 省略 -->
</div>
</body>
```

いくつかポイントがあるので順に見ていきましょう。

まず、`script`タグの`type`属性は、`application/ld+json`となっており、

JSON-LDの構造化データであることを示しています（❶）。@contextには使用するボキャブラリがあるURL（❷）、@typeにボキャブラリが指定されています（❸）。

　JSON-LDはトータルのデータ量が増えてしまうというデメリットはあるものの、HTMLのマークアップが複雑にならないというメリットがあります。なお、JSON-LDの内容は、実際に表示している内容と同じでなければならないため、注意してください。

- JSON-LD 1.0
  https://www.w3.org/TR/json-ld/

- JSON-LD - JSON for Linking Data
  http://json-ld.org/

■構造化データテストツールを活用しよう

　ここまで様々な構造化マークアップについて見てきましたが、スクレイピングをする際にWebサイト側でどのような構造化データを使用しているか目視で確認するのは手間がかかり、効率が悪いでしょう。Googleでは、構造化データがきちんと仕様に沿っているかどうかをテストするツールを提供しています（図4.5）。

- 構造化データテストツール
  https://search.google.com/structured-data/testing-tool

　これを活用すれば、WebサイトのURLを入力する、もしくはHTMLを直接貼り付けることで、どのタイプの構造化データが使用されているかを確認できます。

図4.5　構造化データテストツール

　必須フィールドや推奨フィールドに足りないものがある場合は、それぞれエラーや警告として表示されるので、Webサイト運営者として構造化マークアップをする際にも役に立ちます。

検索結果表示時の構造化データの利用

　Googleでは構造化データを利用して、以下のようなものを検索結果へ表示できるようにしています。

パンくずリスト

　サイトの階層を表すパンくずリストを検索結果に表示させることができます（図4.6）。schema.orgの`BreadcrumbList`というタイプを使用します。

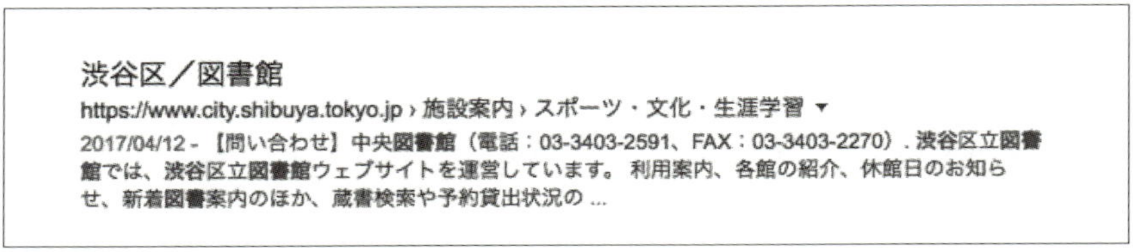

渋谷区／図書館
https://www.city.shibuya.tokyo.jp ▸ 施設案内 ▸ スポーツ・文化・生涯学習 ▾
2017/04/12 - 【問い合わせ】中央図書館（電話：03-3403-2591、FAX：03-3403-2270）．渋谷区立図書館では、渋谷区立図書館ウェブサイトを運営しています。利用案内、各館の紹介、休館日のお知らせ、新着図書案内のほか、蔵書検索や予約貸出状況の ...

図4.6　パンくずリスト

検索ボックス

　検索結果に検索ボックスを表示させ、そこからWebサイト内のコンテンツを検索することが可能です（**図4.7**）。schema.orgの`WebSite`、`SearchAction`というタイプを使用します。

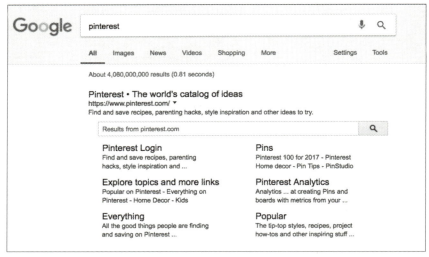

図4.7　検索ボックス

ナレッジグラフパネルへの情報の追加

　キーワードで検索された際に、そのキーワードがなにかを把握し、基本的な情報をナレッジグラフパネルで表示させます。たとえば、「Google」と検索

した際には、図4.8のように「Googleという会社」の情報が表示されます。

図4.8　ナレッジグラフ

このナレッジグラフパネルに対して構造化データを利用して、次の情報を追加できます。

- ロゴ
- 企業への連絡先
- ソーシャルプロフィール

また、コンテンツにGoogleでサポートされているタイプの構造化データを利用していた場合、検索結果へ画像や大きな見出しなど豊富な情報を付与した状態で表示します。

たとえば、ニュースなどの記事は検索結果で図4.9のように表示されます。

図4.9 記事の表示

記事の他には、次のようなコンテンツで、構造化データを利用した際にリッチカードとして表示されます。

- 地域の企業
- 音楽
- レシピ
- テレビ＆映画
- ビデオ
- 書籍
- レッスンなどのコース
- イベント

ファクトチェック

2017年から、Googleの検索結果とGoogleニュースに表示されているコンテンツの情報が正しいものかどうかファクトチェックした結果の表示も行われるようになりました。ファクトチェックする団体は、Googleとは別の独立した団体です。ファクトチェックを表示するには、schema.orgの`ClaimReview`

というタイプを使用します。

たとえば、図4.10の検索結果に表示されている`Cancer-Causing Children's Snacks Made from Petroleum-Based ...`（ガンの原因となる石油を原料とする子どものスナック菓子...）の記事は、Snopes.comという団体によってファクトチェックされた結果、MOSTLY FALSE（ほとんど誤り）だったということが示されています。

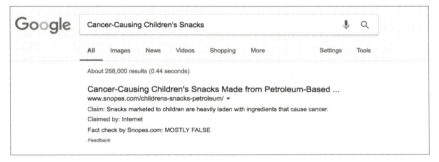

図4.10　ファクトチェックの表示

- Fact Check now available in Google Search and News around the world
  https://blog.google/products/search/fact-check-now-available-google-search-and-news-around-world/

- Search Gallery
  https://developers.google.com/search/docs/guides/search-gallery

4-5 まとめ

　この章では、スクレイピングの様々なテクニックについて紹介しました。

　適切なマークアップや、メタデータが定義されているWebサイトであれば比較的容易かつ正確なスクレイピングが可能ですが、インターネット上にはそのようなWebサイトばかりではありません。とりわけ長期間にわたって同じWebサイトをクローリングしているとWebサイト側の変更によってうまくスクレイピングできなくなってしまうというケースが多々あります。クローラーを大規模に運用する場合は、項目が取得できていなかったり、誤った項目を取得してしまったりしていないかをチェックする仕組みがあるとよいでしょう。

　また、逆にいえば、この章で紹介した内容に配慮して作成されたWebサイトはクロールしやすいWebサイトです。クロールする側ではなく、Webサイトを作成する立場になった場合も、この章の内容を思い出して、クローラービリティの高いWebサイトの作成に活かしていただければ幸いです。

CHAPTER 5

認証を突破せよ!

5-1 認証が必要なページをクロールする理由
5-2 様々な認証方式とクローリング方法
5-3 Web APIを使って情報を取得しよう
5-4 まとめ

私たちは日常的に、ECサイトやSNSをはじめとするWebサービス、業務アプリケーションなど、IDとパスワードを使って個人を認証し、ユーザー専用ページへログインをする機能を持ったWebアプリケーションを利用しています。

　この章では、認証機能を持つWebサイトにおいて、認証を必要とするページをクローリングする方法、またその際に注意すべき事項について、一般的なWebアプリケーションの認証の仕組みを理解しながら説明していきます。

5-1 認証が必要なページをクロールする理由

　認証を必要とするページは、Webアプリケーションの管理機能や、個人情報を扱う場合がほとんどです。検索エンジンにインデックスしてほしいページとは異なり、公開を避けたい情報を含むため、クローラーは原則的に認証を必要とするページにはアクセスしません。Googleのクローラーも例外ではなく、検索結果にこうした認証を要するページがヒットすることはありません。

　ただし、Webアプリケーションの利便性向上のために、認証を必要とするページの情報を取得したい場合もあります。

　一例として、銀行や証券など自身の保有する金融口座を一括して管理するPFM（Personal Financial Management）という種類のアカウントアグリゲーションサービスがあります。

　金融機関がインターネットバンキングのサービスを提供することが増えましたが、たとえば自分の資産総額を確認するために、各社が提供するサービスへログインし、それぞれ残高情報を取得して合算するのはとても面倒です。そこで、人間が各サービスへログインし残額を取得する作業をクローラーが肩代わりし、自動的に1つのアプリケーションへ同期するのがアカウントアグリゲーションです（図5.1）。

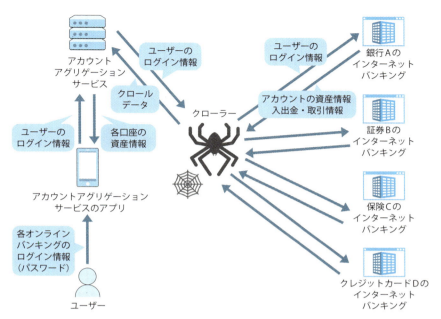

図5.1　アカウントアグリゲーション

　別の例としては、昨今注目されている分散型メディアを支える仕組みなどもあります。分散型メディアとは、オウンドメディアを持たずに、ソーシャルメディアなどのメディアへ直接コンテンツを配信する手法ですが、こうしたメディア運用では同じコンテンツをFacebookやTwitterなど複数のSNSへ投稿することが多くあります。そこで、あらかじめSNSへのアクセス権限を渡しておくことで自動的に投稿を行い、また、ユーザーからの反応を取得して可視化、分析できるクラウドサービスが多く存在します。Everypost、Bufferなどがその代表例です。

- Everypost
  http://everypost.me/

- Buffer
  https://buffer.com/

同じように、商品を販売したい事業者が複数のショッピングサイトに商品を出品し購入情報を管理したり、企業が複数の求人サイトに求人情報を登録するなど、人間に変わってアプリケーションがWebサービスにログインし、指定された操作を行うツールやサービスが多く存在します。

　こうしたシステムでは、ユーザーのログイン情報を永続化し、認証の必要なリソースをクロールする実装が考えられます。しかし、インターネットバンキングのサービスの中には、Web APIで口座の情報を提供するものもありますし、SNSでもコンテンツを投稿するためのWeb APIを用意している場合がほとんどです。Web APIで必要な情報へアクセスできる場合は、クローラーによるスクレイピングではなく、Web APIを積極的に利用するべきです。

　Chapter 4で触れたように、スクレイピングの場合、HTMLの構造が変わると情報を正確に取得できなくなるという問題が起こります。これに対し、きちんとバージョニングされているWeb APIであれば、こうした変更へ対応する期間が用意されますし、互換性も考慮されるはずです。また、ステータスコードによるエラーのハンドリングといった異常系の仕様も文書化されていることが期待できるため、スクレイピングに比べて開発の効率もよくなります。Web APIには認証の仕組みも用意されているので、利用することで安全性も担保できるでしょう。

認証の必要なWebサイトのクロールはマナーを守って

　クローリングした情報の取り扱いには注意が必要ですが[※1]、認証を必要とするリソースの取り扱いには、さらに注意を要します。

　本章で扱うクローラーによるログイン処理は、著作権法や個人情報の取り扱いにおいて、法的なトラブルになる危険をはらみます。ユーザーのアカウント情報を預かり、認証が必要な情報へアクセスする場合は、必ず、事前に法務責任者に相談し、専門家の指示に従うようにしましょう。

※1　クローリングした情報の取り扱いについてはChapter 1の「Webクローラーが守るべきルール」（P.7）を参照。

■ プライバシーに注意

　他者のアカウント情報を元に、認証が必要な情報を取得するためには、必ずアカウント所有者の同意が必要です。

　前述したPFMのように、ユーザーのIDとパスワードを用いネットバンキングなど認証を要するリソースにアクセスするアプリケーションの場合、そのアクセスできる範囲も明確にしなければなりません。

　つまり、ネットバンキングへログインし支出や資産情報の照会のみをする権限と、送金など資金移動が可能な権限を分離し、このことを所有者に告知して同意を得るべきということです。

■ トラブルにならないために、しっかりとした規約を

　クローリング対象となるネットバンキングやSNSなどの利用規約では、アカウントにアクセスするためのIDやパスワードを第三者へ譲渡、貸与することが禁止されている場合がほとんどです。

　アカウントの所有者であるユーザーの同意を得ていたとしても、クローリングのために、ユーザーからIDとパスワードを預かるとすると、クローリング先サイトの利用規約に違反することになります。そのため、あくまでクローリングは「ユーザーの意思によって行う」ということを規約に明記しなければなりません。利用規約では、ユーザーに対し各アカウントの情報を取得（クローリング）するためのシステムを提供しているものとし、ユーザー自身がリソースにアクセスしていることを明確に定義しましょう。

　また、SNSなど会員登録時に利用規約のあるWebサイトでは、ほとんどの場合、会員のみが閲覧できる情報を外部に公開することは規約で禁じられています。検索エンジンでは、FacebookなどのSNSのタイムラインの情報がインデックスされていないのはこうした法的な理由もあるのです。SNSなどで公開範囲が設定されている情報を、パブリックに発信することは原則的に規約で禁じられているため、細心の注意を払いましょう。

■ セキュリティは厳重に

　アカウント情報や個人情報を預かる場合は、それらのデータは確実に安全な方法で保持する必要があります。

また、個人情報を取得する場合、その経路にも気をつけなくてはなりません。HTTP通信は暗号化されていないため、経路上で通信内容が傍受される可能性があります。通信を盗聴から保護するためにはSSLによる暗号化[※2]を行う必要があります。

　また、SSLサーバ証明書はその認証レベルによって、3つの種類があることも意識しておきましょう（**表5.1**）。

表5.1　SSLサーバ証明書

種類	説明
ドメイン認証証明書	ドメインに登録されている登録者を確認し、その使用権を認証する
組織認証証明書	ドメインの使用権に加え、Webサイトを運営している組織が実在していることを証明する
EV-SSL証明書	企業の実在性に加えて、登記簿謄本や第三者機関の情報を参照し、組織の実在を確認するもの

　詳細は後述しますが、一般的なWebアプリケーションでは、ログインページのフォームにIDとパスワードを入力し、認証されると発行されるセッションIDをクッキーに保存して、認証後のリクエストに利用します。第三者がこのクッキーを盗み取ることでセッションを乗っ取る攻撃手法を「セッションハイジャック」と呼び、通信経路が常時SSL化されていない場合、この攻撃の対象となってしまうので注意が必要です。

　ユーザーから預かる認証情報や取得した個人情報をデータベースに永続化する場合の管理方法への対応も忘れてはなりません。パスワードはもちろんのこと取得する情報は暗号化することで、データベースが攻撃された場合でも被害を最小限に留めるようにします。また、情報を保管するデータベースは異なるサーバに分散し、ネットワークセグメントの分離、多段ファイアウォールなど不正な侵入を防ぐための対策を行います。

　預かる情報、取得する情報、セキュリティの取り組みについては、運用の方針を正しく説明し、ユーザーの同意を得る必要があります。

※2　SSLによる暗号化についてはChapter 2の2-6「SSL通信時のエラー」（P.71）を参照。

■できる限りAPIを使った連携を

繰り返しますが、Web APIで必要な情報を取得できる場合は、クローリングではなく、Web APIを利用すべきです。APIを利用する場合であれば、ここで述べたような情報の取り扱いや権利関係については、APIの利用規約としてプロバイダと契約を結べるため、トラブルの原因を減らすことにもつながります。

5-2 様々な認証方式とクローリング方法

Webページの閲覧に制限をかける方法としては、HTTP認証やフォームベース認証が一般的に普及しています。ここでは、これらの認証方法の仕組みを学ぶとともに、実際にクローラーで認証がかかったページにアクセスする方法について解説します。

HTTP認証

Webページにアクセスした際、図5.2のようなダイアログが表示されたことはないでしょうか？

図5.2 HTTP認証（Basic認証）のダイアログ

これは「HTTP認証」と呼ばれるもので、HTTPのプロトコルで定義されている認証方式です。主に、特定の組織内向けのページや、まだ作成中のため一般には公開したくないページなどに多く用いられます。HTTP認証には、広く使われる方式として、Basic認証があります。また、盗聴や改ざんを防ぐためパスワードをMD5によりハッシュ化して送信するDigest認証という認証方式が後に提案されました。ユーザーからすると、Basic認証なのかDigest認証なのかを意識する必要はなく、違いもほとんどわかりません。

　実際にWebサーバとブラウザの間では、どのようなやり取りが行われているのでしょうか？　Basic認証がかかっているコンテンツへ`curl`コマンドでアクセスしてみましょう。

```
curl -I http://www.example.com/
```

実行結果

```
HTTP/1.1 401 Unauthorized
Server: nginx/1.12.0
Date: Mon, 19 Jun 2017 07:55:25 GMT
Content-Type: text/html
Content-Length: 195
Connection: keep-alive
WWW-Authenticate: Basic realm="Restricted"
```

　Basic認証を必要とするページへのリクエストは、はじめに`401 Authorization Required`（もしくは`Unauthorized`）ステータスを返します。ブラウザは、このステータスを受け取るとIDとパスワードの入力画面を表示し、`Authorization`ヘッダでIDとパスワードを送信します。サーバ側では、この情報が正しいことを確認することで認証を行います。

　`Authorization`ヘッダでは、IDとパスワードを:（コロン）でつなぎ、BASE64エンコードしたものを送信します（**リスト5.1**）。

リスト5.1　`Authorization`ヘッダでIDとパスワードを送信する

```
curl -H 'Authorization: Basic aWQ6cGFzc3dk' http://www.example.com/
```

リスト5.2のようにIDとパスワードをURLに含めてリクエストすることもできます。

リスト5.2　IDとパスワードをURLに含めて送信する
```
curl http://id:password@www.example.com/
```

　HTTPはステートレスなプロトコルであるため、HTTP認証もステートレスな仕組みになっています。つまり、ページを遷移する際は毎回IDとパスワードの情報をリクエストに含める必要があるということです。

　ブラウザは一度入力されたIDとパスワードを記憶しており、ブラウザを再起動するまでは自動的にAuthorizationヘッダを送信してくれるので再入力の必要はありませんが、クローラーでHTTP認証のかかっているページにアクセスする際はリクエストごとにAuthorizationヘッダを送信する必要があるという点に注意してください。

　リスト5.3は、Javaのスクレイピングライブラリ Jsoupを使って、ベーシック認証を必要とするWebページにリクエストする方法を示したコードです。

リスト5.3　Jsoupでベーシック認証のWebページにリクエストする　　　　　　　`Java`
```java
package jp.co.bizreach.crawlerbook;

import org.jsoup.Connection.Response;
import org.jsoup.Connection.Method;
import org.jsoup.HttpStatusException;
import org.jsoup.Jsoup;
import org.jsoup.nodes.Document;

import java.io.IOException;
import java.util.Base64;

public class BasicAuthentication {
  public static void main(String[] args) {

    String url = "http://localhost:8080/";
    String username = "username";
    String password = "password";

    // ユーザー名とパスワードをコロン（:）でつなぎ、Base64エンコードする
    String authorization = username + ":" + password;
```

```java
      String base64Authorization = new String(Base64.getEncoder().
encodeToString(authorization.getBytes()));

    try {
      Response res = Jsoup.connect(url).method(Method.HEAD).execute();

      // HTTP認証が不要なページの場合、上記のリクエストは例外とならず、
      // 下記のように通常のリクエストができる
      Document doc = Jsoup.connect(url).get();
      ...

    } catch(HttpStatusException e) {
      // HTTP認証が必要なページの場合、最初のリクエストは例外となる
      Integer status = e.getStatusCode();

      // HTTP認証が必要なページでは、認証情報が不足する場合、
      // ステータス401(Authorization Required)を返す
      if (status == 401) {
        try {
          // AuthorizationヘッダにBase64エンコードされたデータを付けて
          // リクエストする
          Document doc = Jsoup.connect("http://localhost:8080/")
                  .header("Authorization", "Basic " + base64Authorization)
                  .get();
          ...
        } catch (IOException e2) {
          e2.printStackTrace();
        }
      }
    } catch (IOException e) {
      e.printStackTrace();
    }
  }
}
```

> **memo** ▶ IPアドレスで制限されている場合も？
>
> 　ユーザー認証とは異なりますが、アクセス可能なIPアドレスに制限がかけられている場合もあります。IPアドレスによるアクセス制限は、HTTP認証と同じく未公開のテスト用ページなど特定のユーザーにのみ共有したい場合や、一般向けに公開されているWebサイトであってもクローラーなどによる機械的なアクセスをブロックしたい場合などに用いられます。

IPアドレスでブロックされているかどうかは、同じIPアドレスから`curl`コマンドなど別の手段で対象のWebサイトにアクセスすることで確認できます。ユーザーエージェントやアクセスするページなどを変えても、常にレスポンスが`403 Forbidden`などの場合は、ブロックされていると考えてよいでしょう。

　この場合、アクセス可能なIPアドレスからアクセスすることで回避できる可能性がありますが、一般向けに公開されているWebサイトにもかかわらずクローラーによるアクセスがブロックされている場合、攻撃されていると判断されている可能性があります。

　IPアドレスを変えて回避できたからといってそのままクロールを続けるのではなく、

- しばらくクロールを停止してみる
- クロール間隔を延ばしてみる

など、クロールのマナーに基づいてクロール先のWebサイトに迷惑をかけないようにしましょう。

　また、十分配慮してクロールを行っているにもかかわらずブロックされてしまった場合は、Webサイトの運営元に問い合わせてみるのも1つの手です。きちんと用途を説明して、運営元にもメリットが見込めるのであればクロールを許可してくれる場合もあるでしょう。

> **Column　SSLクライアント認証**
>
> 　より安全に特定のクライアントからのアクセスのみを許可したい場合、クライアント証明書を用いた「SSLクライアント認証」と呼ばれる認証方法が使われることもあります。
>
> 　クライアント証明書とは、個人や組織を認証し発行される電子証明書のことで、この証明書がインストールされた端末のみ、Webサイトへのアクセスを許可する、というものです。ID・パスワードを使用する認証方式と異なり、証明書さえ漏洩しなければ突破不可能なので非常にセキュアな方法といえますが、クライアント証明書の発行および各端末へのインストールといった手間がかかるため、不特定多数のユーザーに対する認証手段には適していません。
>
> 　また、最近では、後述する2段階認証などセキュア、かつ、より手軽な認証方式が普及してきています。

■参考文献
- 徳丸浩『体系的に学ぶ 安全なWebアプリケーションの作り方』(SBクリエイティブ)
- クライアント証明書とは？ | GMOグローバルサイン
  https://jp.globalsign.com/service/clientcert/knowledge/

フォームベース認証

　HTTP認証は、簡易的な認証手段として使われることが多く、一般的なWebサイトにおけるユーザー認証の手段として使われることはほとんどありません。多くのWebサイトでは、以下のようにログイン用の入力フォームを使って認証を行っています。

■ログインフォームのHTMLと通信内容を分析してみよう

　では、実際のログインフォームを見ていきましょう。ここでは、GitHubのログインページ（図5.3）を例に説明します。

```
https://github.com/login
```

図5.3　GitHubのログイン画面

ログインページには、一般的にユーザーID（もしくはメールアドレスなど）とパスワードを入力するフィールドがあり、その他にも「ログイン情報を記録する」といったチェックボックスが付いている場合もあります。GitHubのログイン画面も一般的な形式です。

　このフォーム部分のソースコードを確認してみましょう（リスト5.4）。

リスト5.4　GitHubログイン画面のソースコード

```html
<form accept-charset="UTF-8" action="/session" method="post">
  <input name="utf8" type="hidden" value="✓">
  <input name="authenticity_token" type="hidden"
    value="XXXXXXXXXXXXXXXXXXXXXX==">

  <h1>Sign in to GitHub</h1>

  <label for="login_field">Username or email address</label>
  <input id="login_field" name="login" type="text">

  <label for="password">Password</label>
  <input id="password" name="password" type="password">

  <input name="commit" type="submit" value="Sign in">
</form>
```

　form要素のaction属性、method属性を確認すると、/sessionというパスに対して、POSTメソッドでデータを送信することがわかります。また、enctype属性は指定されていないので、applicatin/x-www-form-urlencodedでURLエンコードされたデータがリクエストボディとして送信されます。

　では、フォームにユーザー名とパスワードを入力し、[Sign in]ボタンを押すと、ブラウザとWebサーバはどのような通信をしているのでしょうか？

　Google Chromeデベロッパーツールの「Network」タブで、実際に送信されたデータをチェックできます（図5.4 - ❶）。「Network」タブの内容は、デフォルトではリクエストごとにクリアされてしまいますが、ここではリダイレクトを含めた一連の通信内容を見たいため「Preserve log」にチェックを入れておきます（❷）。

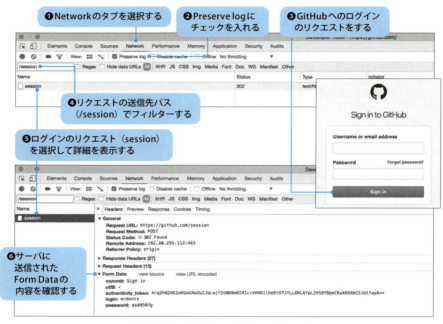

図5.4　Google Chromeデベロッパーツール

　ログインフォームにユーザー名とパスワードを入力し、[Sign in]ボタンを押します（❸）。デベロッパーツールの「Network」タブのメニューに、Webサーバとのすべての通信が一覧化されるので、このフォームのリクエストの送信先パス**/session**でフィルターします（❹）。すると、Nameが**session**となっている通信が記録されているので、この詳細を表示します（❺）。

　リクエストのBodyつまり、Form Dataの中身を見てみると、次のようなデータが送られていることがわかりました（❻）。

- commit: Sign in
- utf8: ✓
- authenticity_token: XXXXXXXXXXXXXXXXXXXXXXX==
- login: user_id
- password: users_password

それぞれ、HTMLソースで確認した、`input`要素の`name`属性と、そのフィールドに入力した値、もしくは`value`属性に設定されている値がセットとなって送られていることがわかります。

　`authenticity_token`というフィールドには、乱数のような、非常に長い文字列がセットされています。実際、ページをリロードすると、この`authenticity_token`も変わることから、乱数的に発生されている値であることがわかります。これは、CSRFという、Webアプリケーションへの攻撃手法に対処するためのトークンです。

■ クロスサイトリクエストフォージェリ（CSRF）

　Webアプリケーションでは、ログイン後にのみ操作できる機能がありますが、たとえば購入処理や、個人情報の変更、退会処理など重要な操作もWebサーバとクライアントの通信はフォームからのPOSTリクエストで実装されている場合がほとんどです。攻撃者がこの仕組みを逆手に取ると、図5.5のように、Webアプリケーションにログインした状態のユーザーが、悪意のある外部Webサイトの罠のリンクからこのアプリケーションで重要な操作を実行するPOSTリクエストを送信してしまう可能性があります。

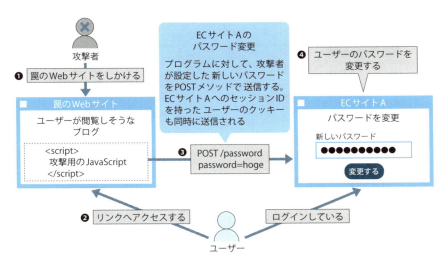

図5.5　一般的なCSRFの攻撃手法

このように、Webアプリケーションが他のWebサイトからのリクエストを受け付け、処理してしまう脆弱性を利用した攻撃方法を「CSRF（Cross-Site Request Forgery）」と呼びます。

ログイン処理の場合についても考えてみましょう（図5.6）。

ユーザーはWebアプリケーションAをログアウトした状態で、悪意のあるサイトで罠のリンクへアクセスします。この罠のリンクはAへのログインのリクエストですが、送信されるデータはすべて`type`属性に`hidden`が指定されたデータなのでユーザーはログイン処理がされたことに気づきません。

ここで、ユーザーを自身の持つ本来のAのアカウントではなく、攻撃用の別のアカウントでログインさせることができます。ユーザーは、別のアカウントでログインしていることには気づかず、Aの上での操作を一通り行ったとすると、攻撃者は後からそのユーザーの操作内容を得ることに成功します。

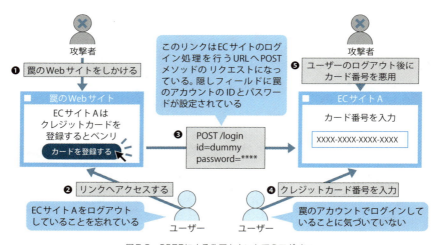

図5.6　CSRFによる偽アカウントでのログイン

こうした、CSRFの対策として導入されるのが、GitHubのログインフォームに利用されている`authenticity_token`のような仕組みです（図5.7）[※3]。

アプリケーション上でユーザーが重要な操作を行うフォームを表示すると

[※3] `authenticity_token`というパラメータ名は、Ruby on Railsの機能によるものですが、この仕組みはCSRFの対策として広く利用されています。

きは、アプリケーションは必ずランダムなトークンを生成しサーバ上に記録しておき、ユーザーが操作するフォームの隠しフィールドにもトークンをセットしておきます。ユーザーがフォームのデータを送信すると、このトークンも送信され、サーバ上に記録されているものと一致した場合のみ、操作を受け付けるようにします。

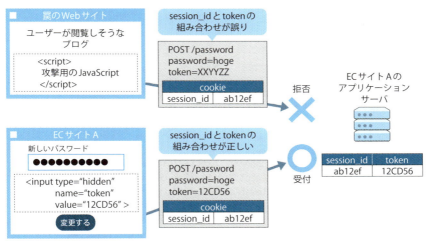

図5.7　CSRF対策のトークンの発行

つまり、GitHubのログイン処理の例に当てはめて考えると、ブラウザの画面上ではユーザーIDとパスワードのみを送信しているように見えますが、実際は正しい`authenticity_token`も合わせて送信しなければログイン処理は行われないということになります。このようなランダムに生成されたトークンは、2重サブミット対策として用いられることもあります。

■ フォームベース認証のプログラム例

それでは、Jsoupを使ってGitHubへログインするプログラムを書いてみます（リスト5.5）。先のログインに成功したリクエストのRequest Headersを確認し、この内容を元にリクエストのHTTPヘッダを定義しています。

リスト5.5　Jsoupを使ってGitHubへログインする

```java
package jp.co.bizreach.crawlerbook;

import org.jsoup.Connection;
import org.jsoup.Connection.Response;
import org.jsoup.Connection.Method;
import org.jsoup.Jsoup;
import org.jsoup.nodes.Document;

import java.io.IOException;
import java.net.URLEncoder;
import java.util.HashMap;
import java.util.Map;

public class FormAuthentication {
  public static void main(String[] args) {

    try {
      // ① ログインページのHTMLを取得する
      Response res = Jsoup.connect("https://github.com/login")
          .userAgent("User-Agent:Mozilla/5.0 (Macintosh; Intel Mac OS X 10_10_4) AppleWebKit/600.7.12 (KHTML, like Gecko) Version/8.0.7 Safari/600.7.1")
          .header("Referer", "https://github.com/")
          .header("Accept", "text/html,application/xhtml+xml,application/xml;q=0.9,image/webp,image/apng,*/*;q=0.8")
          .header("Accept-Encoding", "gzip, deflate, br")
          .header("Accept-Language", "en-US,en;q=0.8")
          .header("Host", "github.com")
          .header("Origin", "https://github.com")
          .header("Connection", "keep-alive")
          .header("Cache-Control", "max-age=0")
          .header("Upgrade-Insecure-Requests", "1")
          .method(Method.GET).execute();
      Document doc = res.parse();

      // ② ログインのリクエストに、最初のリクエストのクッキーを利用する
      Map<String, String> cookies = res.cookies();

      // ③ CSRF対策のためのトークンの値を取得する
      final String authenticity_token = doc.select("input[name=authenticity_token]").first().attr("value");
```

```java
        // あなたのGitHubユーザーID
        final String login = "my_username";
        // あなたのGitHubパスワード
        final String password = "my_password";

        // ④ ログインのリクエストで送信する値をURLエンコードし、
        // リクエストのボディの長さを数える
        Map<String, String> formData = new HashMap();
        formData.put("utf-8", "✓");
        formData.put("authenticity_token", authenticity_token);
        formData.put("login", login);
        formData.put("password", password);
        formData.put("commit", "Sign in");

        StringBuilder sb = new StringBuilder();
        for(Map.Entry<String, String> entry: formData.entrySet()){
          if(sb.length() > 0){
            sb.append("&");
          }
          sb.append(entry.getKey() + "=" + URLEncoder.encode(➡
entry.getValue(), "UTF-8").replace("%20", "+"));
        }
        String requestBody = new String(sb);

        // ログイン処理へのリクエストを行う
        Connection con2 = Jsoup.connect("https://github.com/session")
            // ⑤ リクエストヘッダの設定を行う
            .userAgent("User-Agent:Mozilla/5.0 (Macintosh; ➡
Intel Mac OS X 10_10_4) AppleWebKit/600.7.12 (KHTML, like Gecko) ➡
Version/8.0.7 Safari/600.7.1")
            .header("Content-Type", "application/x-www-form-urlencoded")
            .header("Referer", "https://github.com/")
            .header("Accept", "text/html,application/xhtml+xml,➡
application/xml;q=0.9,image/webp,image/apng,*/*;q=0.8")
            .header("Accept-Encoding", "gzip, deflate, br")
            .header("Accept-Language", "en-US,en;q=0.8")
            .header("Host", "github.com")
            .header("Origin", "https://github.com")
            .header("Connection", "keep-alive")
            .header("Cache-Control", "max-age=0")
            .header("Upgrade-Insecure-Requests", "1")
            .header("Content-Length", Integer.toString(➡
requestBody.length()))
```

```java
                // ログインページへのアクセス時に発行されたクッキーを利用する
                .cookies(cookies)
                .requestBody(requestBody)
                .method(Method.POST)
                // ログイン後Refererで設定したURLへリダイレクトされてしまうため、
                // リダイレクトを許可しない設定にしている
                .followRedirects(false);

        Response res2 = con2.execute();

        // ログイン後に発行されるクッキーを取得する
        Map<String, String> cookies2 = res2.cookies();

        Response res3 = Jsoup.connect("https://github.com/settings/➡
profile")
                .userAgent("User-Agent:Mozilla/5.0 (Macintosh; ➡
Intel Mac OS X 10_10_4) AppleWebKit/600.7.12 (KHTML, like Gecko) ➡
Version/8.0.7 Safari/600.7.1")
                .header("Referer", "https://github.com/")
                .header("Accept", "text/html,application/xhtml+xml,➡
application/xml;q=0.9,image/webp,*/*;q=0.8")
                .header("Accept-Encoding", "gzip, deflate, br")
                .header("Accept-Language", "en-US,en;q=0.8")
                .header("Host", "github.com")
                .header("Connection", "keep-alive")
                // ⑥ ログイン後のリクエストには発行されたクッキーを送信することで、
                // サーバは認証されたユーザからのリクエストであると判断できる
                .cookies(cookies2)
                .method(Method.GET)
                .execute();

        // ログイン後のページへのリクエストを行い、
        // ステータスが200で返ってきていることを確認する
        System.out.println(res3.statusCode());
        // ログイン後のページ（プロフィール編集ページ）で
        // アカウントに設定されている名前を取得できていることを確認する
        Document doc3 = res3.parse();
        String myName = doc3.select("#user_profile_name").attr("value");
        System.out.println(myName);

    } catch(IOException e) {
        e.printStackTrace();
    }
  }
}
```

このプログラムを実行すると、200 OKのレスポンスが返却され、ログイン後にのみアクセス可能なプライベートな情報を取得できます。では、各処理がどのような意味を持つのか、見ていきましょう。

① はじめにログインページのHTMLを取得しています。`authenticity_token`などフォームの隠しフィールドの情報を取得するのが目的です。
② このとき、サーバから返されるクッキーの値を取得し、次のリクエストに利用します。アプリケーション側で、送信されたトークンの正当性をチェックするため、ユーザーの識別にクッキーを使っている場合があります。
③ ログインページのHTMLから、隠しフィールドに設定されたCSRF対策のためのトークンを取得します。
④ `application/x-www-form-urlencoded` が指定されている、もしくはenctypeの指定のない場合、フォームのデータはURLエンコードされます。送信するフォームのデータの値をURLエンコードし、`key=value`の形式で、&でつないだものの文字数を数え、`Content-Length`ヘッダに設定します。なお、URLエンコードを行う際、（半角）スペースは`+`に変換する点に注意してください。
⑤ リクエストヘッダの設定を行います。ブラウザからログインに成功した際のリクエストをGoogle Chromeデベロッパーツールで確認し、これを参考に設定しましょう。
⑥ フォーム認証では、クッキーを用い同じユーザーからの一連のアクセスをセッションとして扱うため、次回以降のリクエストではこのクッキーをHTTPヘッダに含めてリクエストすることで、Webサーバはそれが認証されたユーザーからのリクエストであると判断します。

■ セッション管理の仕組み

　Webアプリケーションでは、一度ログイン操作を行うと、一定の期間内は再ログインせずとも認証状態が維持されます。HTTP認証ではリクエストのたびにリクエストヘッダでIDとパスワードを送信することでリクエストごとに認証チェックが行われますが、フォームベース認証では一般的にクッキーを用い、同じユーザーからの一連のリクエストをセッションとして認識します。
　このセッション管理の仕組みについても、詳しく確認しておきましょう。

クッキーは、HTTPのレスポンスヘッダを使ってサーバから送り返される小さなデータで、`Set-Cookie: session_id=example`などのようにキーと値の組み合わせになっています。`Set-Cookie`ヘッダを受け取ったブラウザは、その後のリクエスト時に自動的にこのデータをサーバに送信します[※4]。

　多くのWebフレームワークは、クッキーを使用したセッション管理の仕組みを持っており、ユーザーごとのデータをリクエストをまたいで持ち回ることができます。認証状態の保存にも、このセッション機能が使用されているケースが多いです。

　セッション管理機能の実装はフレームワークによって様々ですが、まずは例としてJavaサーブレットの場合を見てみましょう（図5.8）。

　Javaサーブレットでは、ブラウザからの初回リクエスト時に`JSESSIONID`という、クライアントを一意に識別するためのセッションIDを格納したクッキーを発行します。次回以降のリクエストでは、このクッキーが送られてくるので、その値を見てどのクライアントからのアクセスかを判定できるというわけです。また、サーバサイドでは、このセッションIDに紐付けてデータを保存することができるので、ログイン情報やショッピングカードなどリクエストをまたいで保存しておく必要のある情報を格納しておくことができます。

　なお、Ruby on Rails（以下、Rails）やPlay FrameworkなどのWebフレームワークでは、デフォルトではセッションデータをサーバサイドではなくクッキーに直接保存します。もちろんセッションデータの盗聴や改ざんを防ぐために、暗号化や署名を付けるなどの対応が行われています。

　Railsのアプリケーションでは、サーバサイドでセッションに値をセットすると、次のように`_アプリケーション名_session`というクッキーをセットするレスポンスが返ってきます。

```
Set-Cookie: _myapp_session=bGwvTEJlVTNmcXJtQmQwaFIveVBkUkszTlVsWExocmwOd
OppLzlRWDlUUGZEcnVKRFZWbHV1SS9IZXEwakt5WFNHL3dpNzllMkJJRONVamd4NXFxUW9Ma
XRXMON5R210bk1KSjIxVjBpOVU9LSO4a2RkVnFhWUR6cDlrbmEOdmtlcmR3PTO%3D--5caf4
8342324ae2ed5a341b5164861decd3f2f37; path=/; HttpOnly
```

[※4] クッキーの詳細についてはChapter 2の「クッキーを引き継がないとクロールできないWebサイト」（P.63）を参照。

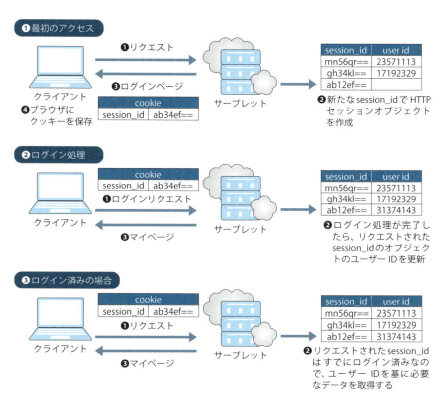

図5.8　サーブレットでのセッション

　このクッキーはサーバサイドでセットしたデータを暗号化したものですが、以前のバージョンのRailsでは暗号化されない状態でセットされていました。いずれにしろクッキーはリクエストで毎回やり取りされるものなので、通信経路で傍受される可能性があることを考えるとセキュリティ上重要なデータを格納するべきではありません。

　Railsでは、セッションを利用する際にデータストアを選択することが可能です（**表5.2**）。

表5.2 Ruby on Railsでセッション利用時に選択可能なデータストア

データストア	説明
クッキー	クライアントのクッキーとしてセッションを保存する。サーバの冗長化などに対応できる。ただし、格納できるデータのサイズはブラウザによって制限される（多くのブラウザでは4KB）
キャッシュ	サーバサイドでアプリケーションのキャッシュにセッションを保存する。短命なデータの保存に利用される
データベース	データベースにセッション情報を保存する。スケールアウトされる場合でもセッションを管理でき、機密情報の保持にも向いているが、書き込み、読み込みにかかるコストが大きくなる

　設定を変更することにより、Javaサーブレットと同様に、クッキーではセッションIDのみをやり取りするようにし、データはデータベースに保存することもできます。この場合、サーバからのレスポンスに含まれる`Set-Cookie`ヘッダは、次のようになります。

```
Set-Cookie: _myapp_session=8a865fe2fd312ecee75ecec8eb241eb8; path=/; HttpOnly
```

■ URLにセッションIDを含めるアプリケーションも

　ここまでは、クッキーを使用したセッション管理の方法について説明してきました。しかし実際には、クッキーを利用できないブラウザも存在します。特にフィーチャーフォンのブラウザは、クッキーを利用できないものがほとんどでした。

　こういったブラウザに対応するために、「URLにセッションIDを含めることでユーザーを識別する」という方法を採るWebアプリケーションもあります。たとえば、Javaサーブレットでは、クッキーを受け付けないブラウザのために、初回アクセス時に`jsessionid`というパラメータでセッションIDをURLに付け加えるという手法が採られています。

- セッションIDが埋め込まれたURL
  `http://www.example.com/signin;jsessionid=jg3sivbqp6h31v81tm698eek9`

　しかし、現在では「クッキーに対応していないブラウザはほとんど存在し

ない」「セッションIDがURLに露出してしまうことでセッションハイジャックの危険性が増してしまう」ことから、URLにセッションIDを埋め込む手法は望ましいとはいえません。

■ セッションハイジャック

このようにセッションを使用してユーザーごとのデータを持ち回るアプリケーションでは、万が一セッションIDが傍受されてしまうと、そのIDを使ってリクエストを行うことで他人のセッションを利用してアクセスできてしまいます（図5.9）。これが「セッションハイジャック」と呼ばれる攻撃手法です。

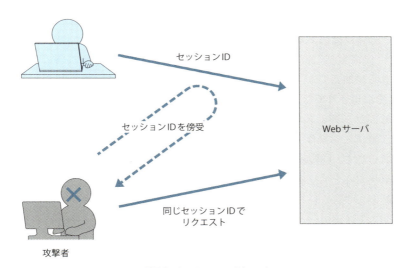

図5.9　セッションハイジャック

HTTPが暗号化されていない場合、通信経路でクッキーが傍受できてしまうため、セッションハイジャックされてしまう可能性があります。また、セッションIDの強度が不足している場合は、総当たりで有効なセッションIDを特定されてしまうかもしれません。

このような危険に対処する方法として、次の2つが考えられます。

HTTPSかつクッキーに`secure`属性と`httpOnly`属性を指定する

　`secure`属性が指定されたクッキーは、HTTPSの場合のみ送信されます。そのため、HTTPSから一時的にHTTPのページに遷移した場合に、セッションIDを格納したクッキーの漏洩を防ぐことができます。また、`httpOnly`属性が指定されたクッキーは、ブラウザ上のJavaScriptで読み取ることができなくなります。そのため、XSS脆弱性を利用してセッションIDを盗み出すという攻撃を防ぐことができます。

適切な強度のセッションIDを使用する

　連番など推測しやすいIDではなく、ランダムに生成したIDを使用するのが望ましいです。アプリケーションサーバやフレームワークが生成するIDを使えば、通常は問題ありません。

　これらに加えて、「セッションの有効期限を短くすることで、仮にセッションIDを取得されてしまっても被害を最小限に止める」という方法もあります。しかし、セッションの有効期限をあまりに短くすると、有効期限ごとにユーザーがログイン操作をしなければならず、ユーザービリティを損ねてしまいます。そこで、「認証状態は長時間維持するものの、セキュリティ上、重要な操作（決済など）を行う場合にのみ再度認証を要求し、その際の有効期限を短く設定しておく」ことで、ユーザービリティを維持しつつ、セキュリティも担保する方法が用いられています。

　また、セッションハイジャックの手法の1つとして「セッション固定攻撃」と呼ばれる手法があります。これは、攻撃者が取得、もしくはなんらかの方法で設定したセッションIDが有効な状態でユーザーにログインさせ、そのセッションIDを利用してアプリケーションにアクセスする、というものです。この攻撃への対策としては、「ログイン前後でセッションIDを変更する」方法がポピュラーです。特にセッションIDをURLに埋め込んでいるWebサイトは、この攻撃の対象となりやすいため、対策済みの場合が多いでしょう。

> **memo ▶ セッションの大量生成によるメモリ不足**
>
> 　サーバサイドセッションは、クッキーでセッションIDを持ち回ることで、同一セッションかどうかの判定を行います。そのため、セッションIDが渡されてこなかった場合は、新しいセッションが開始されます。
>
> 　このこと自体は問題ありませんが、Webサイト内のすべてのページでセッションが有効化されている場合、クッキーなしのリクエストを大量に発行するとリクエストごとにセッションが生成され、セッション情報を格納するサーバのメモリやデータベースを圧迫してしまう可能性があります。
>
> 　これは本質的にはWebサイトの作りがまずいのですが、クローラーでアクセスする場合はサーバから受け取ったクッキーを次のリクエストにきちんと引き継ぐようにすればこのような事故を防ぐことができます。
>
> 　また、Webサイトの提供者は、セッションIDがクッキーで渡って来ない場合に常にセッションを開始するのではなく、セッションが必要な画面にアクセスした場合のみセッションを開始するようにしたり、セッションの有効期限を必要以上に長く取りすぎないよう注意しましょう。

2段階認証

　インターネットの普及に伴い、Webサイトのセキュリティに対する懸念も高まってきており、実際にユーザー情報が漏洩するといった事故も起きています。セキュリティの重要なサービスやシステムでは、万が一ユーザー認証用のパスワードが盗まれてしまった場合に備えて、2段階認証の導入が進んでいます。

　2段階認証とは、もともと認証用に設定しているパスワードに加えて、ワンタイムトークンを入力して認証を行うというものです。

　ワンタイムトークンは、あらかじめ2段階認証に登録したスマートフォンなどで確認でき、一定時間ごとに異なるトークンが発行されます。仮に攻撃者がパスワードを入手したとしても、そのユーザーが2段階認証に登録したスマートフォンを持っていなければトークンがわからないので、ログインできません（図5.10）。

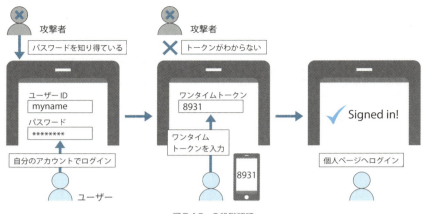

図5.10 2段階認証

2段階認証が必須なWebサイトは、もはやクローリング、スクレイピングの対象と考えるべきではありません。ただし、2段階認証を積極的に導入するような、セキュリティに対して関心の高いWebサイトの場合、ユーザーの認証とは別に外部アプリケーションとの連携用にOAuthなどの連携手段が提供されている場合があるので、そちらを利用するとよいでしょう。

なお、近年では、パスワードレスなオンライン認証を実現するためのFIDO（Fast IDentity Online）という仕様が普及しつつあります。

FIDOには生体認証などを使用したパスワードレスのUAFと、過渡期のためのパスワード＋2段階認証のU2Fという2つの仕様がありましたが、FIDO 2.0でこの2つの仕様が統合されています。特に生体情報は、パスワードなどと異なり変更できないため、万が一漏洩してしまった場合にリスクが高いという問題があります。これに対し、FIDOでは、生体情報を使用した認証は信頼できる端末上で行い、サーバには認証情報のみ送信することで、ネットワーク上に生体情報を流さない仕組みになっています。

CAPTCHAによるBOT対策

クローラーを含むBOTがWebサイトにアクセスすることを制限する方法の1つがCAPTCHAです。

CAPTCHAは、人間には認識できるものの、コンピュータが自動認識するのが難しい画像を表示し、その回答を入力させることでアクセスしているのが人間かどうかを判断する認証手段です。主にサービスのユーザー登録フォームやブログのコメント投稿フォームなどで、BOTによるアカウントの大量作成やスパムコメントの投稿などを防ぐために利用されてきました（図5.11）。

図5.11　CAPTCHAの例（http://www.captcha.net/）

　数字やアルファベットを表示して入力させるものが多いですが、コンピュータの画像認識精度の向上に伴い突破されてしまうことも増えているほか、コンピュータが認識できないようにノイズを増やした結果、人間にも判別が難しいという本末転倒な事態も増えてきています。そのため、GoogleのreCAPTCHAなど、画像を使用した選択式のクイズによって人間かどうかを判別する仕組みも登場しています（図5.12）。

図5.12　reCAPTCHAの出題例

アクセス対象のページにCAPTCHAが導入されている場合、Webサイトの運営者が「そのページに対するBOTによるアクセスを拒否する」という明確な意思表示をしていると考えるべきです。

5-3 Web APIを使って情報を取得しよう

　ここまでは、一般的にブラウザ上で利用するWebアプリケーションの認証方式について説明してきました。しかし、Webサイトによっては、クローラーに限らず外部のプログラムに自サイトの情報を提供するWeb APIを公開しているケースもあります。

　Web APIはそもそもプログラムから呼び出すために作られているものですし、頻繁にデザインが変わるHTMLと違って後方互換性やスロットリング[※5]などが考慮されている場合が多く、Webサイトのデザイン変更でスクレイピングできなくなってしまったり、アクセスしすぎてクロール先のWebサイトをダウンさせてしまったり、といったトラブルも避けることができるでしょう。

　実際にWeb APIを利用するにあたって、まず考えなくてはならないのが認証処理です。認証なしで呼び出し可能なWeb APIを提供しているサービスもありますが、多くのWeb APIは次のような理由により認証が必要になっています。

- 利用者ごとに課金したり、アクセス数の制限をかけたりするため
- セキュリティ上、重要なデータを扱うため

　HTTP認証やフォームベース認証のWebサイトにアクセスする場合、ログインするためのユーザーID、パスワードをクローラーが知っている必要がありますが、これは「そのアカウントで可能なすべての操作をクローラーが行うことができる」ということでもあります。Web APIを使用することで、この

※5　リクエストが多すぎるクライアントを一時的に拒否する機能。

ような危険な手段を使わず、「アクセス可能な情報を必要最小限に制限できる」というメリットがあります。クローラーを開発する側の視点に立って考えても、ユーザーIDやパスワードを預かったり、必要以上に多くの情報にアクセスできたりという状況はセキュリティリスクが高まります。そのため、適切なアクセス制御を行うのが望ましいといえます。

ここでは、Web APIを呼び出す際に必要となる認証手段について詳しく見ていきます。

アクセスキーによる認証

Web APIにおける認証手段として最も簡単な方法は、アクセスするプログラムに対してトークンを発行しておき、このトークンをリクエストごとに送信するというものです（図5.13）。このトークンは「アクセスキー」と呼ばれることもあり、サーバ側ではこのアクセスキーを参照してクライアントを識別します。

図5.13　アクセスキー認証

手軽な方法ですが、アクセスキーが漏洩すると不正に利用されてしまう可能性があるため、取り扱いには十分に注意する必要があります。

AWSなどのクラウドサービスでは、ターミナルやプログラムからリソースを管理できるようCLIやSDKを提供していますが、こうしたプログラムからのアクセスの認証手段としてアクセスキーを使用する方法が提供されています。リスト5.6は、AWS SDKを使用してAmazon S3（AWSが提供するクラウドストレージ）にアクセスする場合の例です。

リスト5.6　AWS SDKを使用してAmazon S3にアクセスする

```java
String accessKey = System.getenv("AWS_ACCESS_KEY");
String secretKey = System.getenv("AWS_SECRET_KEY");

AWSCredentials credentials = new BasicAWSCredentials(accessKey, secretKey);
AmazonS3 s3 = new AmazonS3Client(credentials);
...
```

　ただし、アクセスキーはプログラムに直接記述するのではなく、上記のように実行時に環境変数などから読み込むようにするべきです。プログラム中にアクセスキーを記述したままGitHubなどでソースコードを公開してしまい、悪意を持った第三者に悪用されて多額の利用料を請求される例もあるので十分に注意しましょう。

　また、AWSであれば、AWS内のEC2インスタンスからのアクセスであればアクセスキーを使用せず、インスタンスに対して権限を付与することでアクセス制御を行うことができます。この方法であれば、アクセスキーを用いなくてもよいので漏洩の心配もありません。アクセスキーによる認証は手軽ですが、より安全な手段が利用可能な場合はそちらを利用するべきです。

OAuth 2.0

　アプリケーションごとの認可であれば、事前にトークンを発行しておき、それをアプリケーションに埋め込んでおけばよいでしょう。しかし、たとえばユーザーごとの個人情報にアクセスするようなWeb APIなど、ユーザー個別の認可が必要な場合もあります。このような際の認可の方式として現在広く利用されているのがOAuth 2.0です。

　OAuth 1.0では、APIへのリクエストに必ずデジタル署名を行わなければならず、また、ベーシックなクライアント・サーバ型のWebアプリケーションでAPIの認可を行うことを想定していました。これに対し、OAuth 2.0は、モバイルアプリケーションや、デスクトップアプリケーション、他にもブラウザ拡張など、様々な用途に対応できるよう設計されています。FacebookやTwitter、Googleなど様々なサービスがOAuthに対応していますが、現在提供されているAPIのほとんどは2012年に標準化されたOAuth 2.0に基づい

て設計されています。以降、特に断りのない場合はOAuth 2.0を前提としたOAuth認証について説明します。

OAuthを使ったWebアプリケーションの連携で、ユーザーにとって最もなじみがあるのは、TwitterやFacebookのアカウントを使ったログインでしょう（図5.14）。こうした方法は「ソーシャルログイン」とも呼ばれ、「ログインしようとしているサービスに対して、パスワードを知らせない」という特徴があります。

図5.14　スタンバイ（https://jp.stanby.com/）のソーシャルログイン

実際にログインを実行すると、認証を行うWebアプリケーションのページへ移動し、ログインしようとしているサービスに対して情報の提供の許可、またその範囲を設定します（図5.15）。

図5.15　スタンバイへの提供範囲を設定するFacebookの画面

　ログインが完了すると、この外部アプリケーションは、ユーザーに代わってここで許可された範囲内でリソースにアクセスできます。

■ OAuthの処理フロー

　OAuth 2.0では、リソースへアクセスする認可を得るフローが複数定義されています。これらは「グラントタイプ」と呼ばれ、アクセスするアプリケーションの種類に応じて実装が使い分けられます。ここでは、OAuthのプロトコルとして定義されている、4つの基本的なグラントタイプを取り上げます。

Authorization Code（認可コード）

　一般的なサーバサイドWebアプリケーションに適したフローです。アプリケーションがリソースにアクセスするためのアクセストークンをこのフローで取得する方法は後述しますが、リフレッシュトークンという仕組みを使うことで、長期間、APIへのアクセスが可能になるという特徴があります。

Implicit Grant

　JavaScriptを使ったSPA（Single-Page Application）など、ブラウザで動作するクライアントサイドWebアプリケーションに特化したフローです。

リフレッシュトークンを利用することはできないため、リソースへのアクセスは一時的なものになります。

Resource Owner Password Credentials

ユーザーのIDとパスワードを直接アクセストークンと交換するフローです。APIの提供元自身の開発するクライアントアプリケーションなどで、デバイスにパスワードを保存したくないケースで使われます。そのため、外部アプリケーション向けに公開されるケースはめったにありません。

Client Credentials

ユーザーごとの認可を必要としない場合に利用されるフローです。たとえば、Twitter APIではアプリケーション単体認証（Application-only authentication）として公開されているユーザーのタイムラインや、Twitter上での検索などのAPIへのアクセスを、このフローに基づいて認可しています。

■Authorization Codeのフロー

先ほど説明したソーシャルログインの例では、Authorization Codeのフローを使っています。OAuthで認証を行うほとんどのAPIは、このAuthorization Codeのフローを元に実装されているため、以降ではAuthorization Codeのフローについて詳しく見ていきましょう（図5.16）。

まずは、登場人物を確認しておきます。このフローで登場するのは、リソースを所有しているユーザー、APIのプロバイダ、リソースにアクセスするアプリケーションの三者です。ユーザーは、Webブラウザを使ってプロバイダ、アプリケーション、それぞれにアクセスしていることを前提としています。

本章の最後で、Javaのライブラリを用いてGitHubのOAuth認証を利用する方法について解説するため、ここでもGitHubを例に、このフローを順に見ていきます。前提条件として、アプリケーションは、事前にGitHubでアプリケーションの登録を行い、クライアントIDおよびクライアントシークレットを得ておく必要があります。

OAuthの仕様では、認可の要求を受け付けるエンドポイントは`/token`と定められていますが、このエンドポイントはTwitterやFacebookなど利用

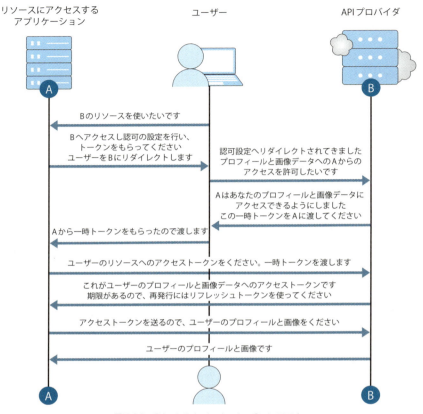

図5.16　OAuthのAuthorization Codeフロー

するサービスによって異なります。GitHubの場合は、次のエンドポイントを利用します。

```
GET http://github.com/login/oauth/authorize
```

Authorization Codeによる認証を行うには、このエンドポイントに対して決められた情報を送る必要があります。上記のエンドポイントのURLの末尾に、クエリストリング（ブラウザなどがWebサーバに送信するデータ）として、**表5.3**のパラメータを追加します。

表5.3 エンドポイントのURL末尾に追加する認証パラメータ

パラメータ	説明
client_id	APIプロバイダにアプリケーションを登録した際に発行されるクライアントID
redirect_uri	APIプロバイダへの認可を完了した後、ユーザーがリダイレクトされるアプリケーションのURL
scope	アプリケーションがどのリソースにアクセスするかを、APIプロバイダが独自に定義しているキーをスペース区切りで指定する。GitHubの場合は、ユーザーのプロフィールにアクセスするuserや、リポジトリへの読み書きを許可するrepoなどのキーを設定できる
state	アプリケーションに対するCSRF攻撃を防ぐためにクライアントアプリケーションで使用するランダムかつユニークなキーを設定する

GitHubでは、この他に`allow_signup`という、OAuthの認可フロー中でのアカウント新規作成の可否を設定するオプションを提供していますが、これはOAuthの仕様では定義されていない、GitHub特有のものです。

上記のリクエストを行って認可を完了すると、ユーザーはGitHubによって`redirect_url`で指定されたURLにリダイレクトされます。リダイレクトされる際に、GitHubはクエリストリングに`code`と`state`というパラメータを追加します（**表5.4**）。

表5.4 GitHubがリダイレクトURL末尾に追加するパラメータ

パラメータ	説明
code	このフローで一時的に利用される認可コードで、この後リクエストトークンと交換するために使う
state	CSRF攻撃への対策として、先のリクエストで送信した値と同じものが返される。この値が最初に送信した値と異なる場合は、OAuthのフローを中断する

Authorization Codeのフローでは、このGitHubから返された`code`をアクセストークンに交換する必要があります。GitHubの場合は、次のURLへリクエストします。

```
POST https://github.com/login/oauth/access_token
```

必要なパラメータはPOSTメソッドのため、リクエストボディに含めて送信します（**表5.5**）。

表5.5 GitHubから返された**code**をアクセストークンに交換するためのパラメータ

パラメータ	説明
`client_id`	APIプロバイダにアプリケーションを登録した際に発行されるクライアントID
`client_secret`	APIプロバイダにアプリケーションを登録した際に発行されるクライアントシークレット。アプリケーションにとってのパスワードと同等のもの
`code`	リダイレクトされたURLのクエリストリングで受け取った認可コード
`state`	一連のフローで利用しているCSRF対策のランダムなキー

　このリクエストの認証が完了すると、GitHubからアクセストークンが返されます。GitHubの場合は、このアクセストークン交換のリクエストの**Accept**ヘッダの設定で、**application/json**を指定するとJSON形式で、**application/xml**を指定するとXMLでレスポンスされます。**表5.6**が返される情報です。

表5.6 GitHubから返される情報

プロパティ	説明
`access_token`	APIリクエストを認可するために使うトークン
`token_type`	RFC 6750で定義されたトークンの種類で、ほとんどの場合はbearer（GitHubでもこの値が返される）
`expires_in`	アクセストークンの有効期限までの残り時間の秒数
`refresh_token`	アクセストークンの期限が過ぎた場合に、新しいアクセストークンを取得するために使うコード

　bearerトークンを使ったリクエストの仕方として、リクエストヘッダに入れる方法、リクエストボディに入れる方法、URLにクエリパラメータとして入れる方法の3つが定義されています。リクエストヘッダに入れる場合は、**Authorization**ヘッダを使います。

　Authorization: Bearer OAUTH-TOKENなど、**token_type**とアクセストークンの値をスペースで区切ってヘッダに含めるのが一般的です。GitHubのREST APIの場合は、**リスト5.7**のようにリクエストします。

リスト5.7 GitHubのREST APIへのリクエスト（**Authorization**ヘッダ）

```
curl -H "Authorization: token OAUTH-TOKEN" https://api.github.com/somepath
```

クエリストリングを利用する場合は、`access_token`というパラメータにアクセストークンを指定してリクエストします（**リスト5.8**）。

リスト5.8　GitHubのREST APIへのリクエスト（クエリストリング）
```
curl https://api.github.com/?access_token=OAUTH-TOKEN
```

また、プロバイダによっては、アクセストークンをリクエストボディに含めてアクセスさせる場合もあります。その場合は、`Content-Type`ヘッダを`application/x-www-form-urlencoded`として次のようにリクエストします（**リスト5.9**）。

リスト5.9　アクセストークンをリクエストボディに含める
```
curl -X POST -H "Content-Type: application/x-www-form-urlencoded" ➡
--data "access_token=OAUTH-TOKEN" https://api.example.com/path
```

以上がOAuthの認可の流れです。なかなか複雑な処理フローですが、OAuthに対応したライブラリを使用することで、OAuthで認可を受ける処理を比較的簡単に実装できます。本章の最後に、pac4jというJavaのライブラリを利用してGitHubのOAuth認可を受けるサンプルプログラムを紹介します。

■ アクセストークンとリフレッシュトークン

OAuthを利用していても、アクセストークンが漏洩すると不正に利用されてしまうという問題は変わらないため、トークンの管理には細心の注意が必要です。万が一トークンが漏洩してしまった場合の被害を最小限に止めるための対策として、アクセストークンの有効期限を短くしておくことが考えられます。有効期限が短ければ短いほど安全ですが、有効期限が切れてしまった場合、アクセストークンを再取得する際にユーザーによる再認証が必要になるため不便です。そこで用いられるのがリフレッシュトークンです。

サーバは有効期限の短いアクセストークンと、有効期限の長いリフレッシュトークンを発行します（**図5.17**）。クライアントは通常アクセストークンを使用してWeb APIにアクセスしますが、アクセストークンの有効期限が切れていた場合はリフレッシュトークンを使用して再度アクセストークンを取得します。

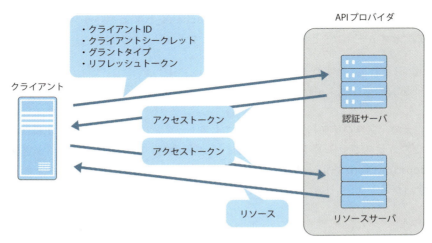

図5.17　リフレッシュトークンのフロー

　毎リクエストに含まれるアクセストークンが漏洩してしまっても、アクセストークンの有効期限が短いため、被害を限定的に抑えることができます。また、有効期限の長いリフレッシュトークンがネットワーク上を流れるのはアクセストークンを再発行するタイミングだけなので、漏洩の危険を最小限に止めることができます。

 認証と認可

　ここまで、特に説明をせずに「認証」という言葉を使ってきましたが、実は「認証」と「認可」は区別して考える必要があります。

- 認証（Authentication）：通信相手が本人であることを確認すること
- 認可（Authorization）：その操作を行う権限があるかどうかを確認すること

　現実の例として、顔写真付きのテーマパークのチケットを考えてみましょう（図5.18）。
　テーマパークへの入園時には、ゲートのスタッフがチケットの顔写真と本人の顔を見比べて本人であることを確認します。これが「認証」にあたります。

入園すると様々なアトラクションがありますが、チケットの種類によって利用できるものが決まっており、アトラクションの受付でチケットを確認され、対象のものであれば入場できます。この手続きが「認可」にあたります。

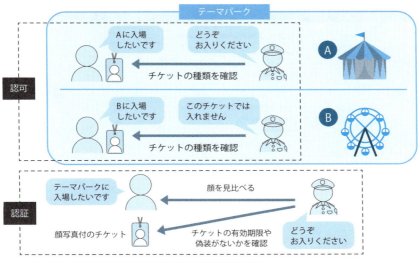

図5.18　認証と認可の違い

OAuth 2.0が提供しているのは「認可」の機構であり、「認証」の仕組みはOAuthを利用する各Webサイトが自サイト上で実装しなくてはなりません。

🕸️⚙️ pac4jでGitHubのOAuthを利用してみる

JavaでOAuth 2.0を利用可能なライブラリとして、pac4jがあります。ここでは例として、pac4jを使用してGitHubのOAuth認証を利用する方法を説明します。

- pac4j
  https://github.com/pac4j/pac4j

まずは、GitHub上でアプリケーションを登録しておく必要があります（図5.19）。登録するとClient IDとClient Secretが生成されるので、値をコピーしておきます。

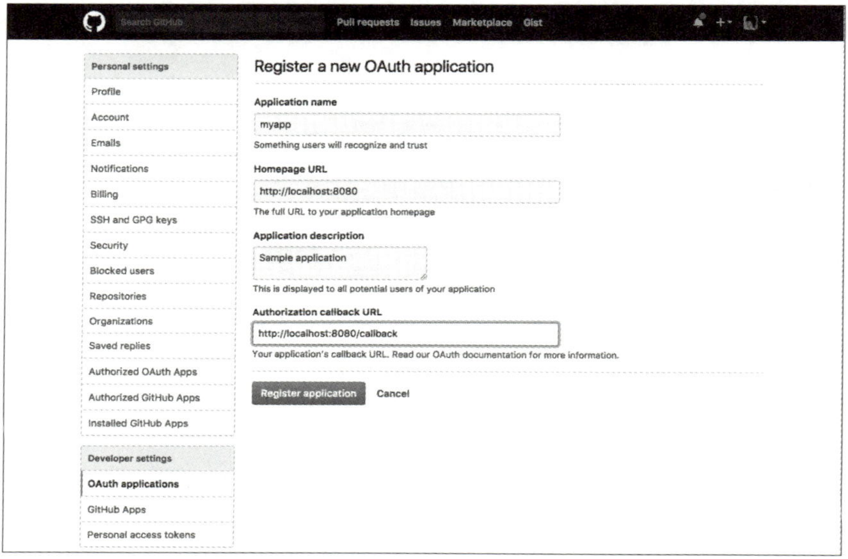

図5.19　OAuthアプリケーションの登録

続いて、アプリケーション側に移ります。まずは、`pom.xml`にリスト5.10の依存関係を追加します。

リスト5.10　`pom.xml`にpac4jの依存関係を追加する

```xml
<dependency>
  <groupId>org.pac4j</groupId>
  <artifactId>pac4j</artifactId>
  <version>2.1.0</version>
</dependency>
<dependency>
  <groupId>org.pac4j</groupId>
  <artifactId>pac4j-oauth</artifactId>
  <version>2.1.0</version>
</dependency>
```

プログラムでは、リスト5.11のようにして`GitHubClient`を生成します。`clientId`と`secret`にはアプリケーションの登録時に発行されたClient IDとClient Secretを指定します。

リスト5.11　pac4jで`GitHubClient`を生成する

```java
GitHubClient client = new GitHubClient(clientId, secret);
client.setCallbackUrl("http://localhost:8080/callback");
client.setScope("repo, user");
```

コンストラクタの引数には、GitHubへのアプリケーション登録時に発行されたClient IDとClient Secretを指定します。`setCallbackUrl()`には認証後にリダイレクトされるURLを、`setScope()`にはアプリケーションが必要とする権限を指定します。GitHubで指定可能なスコープについては次のWebサイトを参照してください（デフォルトはuserです）。

> https://developer.github.com/v3/oauth/#scopes

認証を要求するには、リスト5.12のようにします。

リスト5.12　pac4jで認証を要求する

```java
J2EContext context = new J2EContext(request, response);
client.redirect(context);
```

`redirect()`メソッドで、GitHubの確認画面にリダイレクトされます（図5.20）。`J2EContext`というのは、Java EE（サーブレット）用のアダプタみたいなものです。このクラスを差し替えることで別のフレームワークにも対応できる作りになっています。

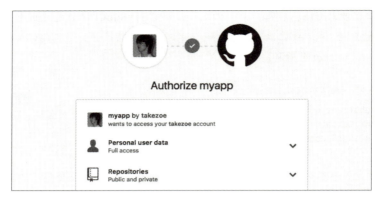

図5.20　OAuth認可の確認画面

　ユーザーがこの画面でアプリケーションの認可要求を許可すると、指定したコールバックURLにリダイレクトされます。そこで、該当のURLを処理するサーブレットで、リスト5.13のコードでユーザー情報やアクセストークンを取得します。

リスト5.13　pac4jでユーザー情報やアクセストークンを取得する

```java
J2EContext context = new J2EContext(request, response);
OAuth20Credentials credentials = client.getCredentials(context);
GitHubProfile profile = client.getUserProfile(credentials, context);

// ユーザー情報やAPI呼び出し用のアクセストークンなどを取得
String userName = profile.getUsername();
String email = profile.getEmail();
String accessToken = profile.getAccessToken();
```

　取得したアクセストークンを、次のようにAPIを呼び出す際のURLに付与してリクエストを送信します。

```
GET https://api.github.com/user?access_token=OAUTH_TOKEN
```

　もしくは、次のように`Authorization`ヘッダで送信することもできます。

```
Authorization: token OAUTH-TOKEN
```

このように、pac4jを使うと、複雑な処理フローを持つOAuth 2.0を簡単に扱うことができます。他のサービスの場合も、`GitHubClient`の代わりに`TwitterClient`や`FacebookClient`などを使用することで同じように実装できます。

また、pac4jは、OAuth以外にもSAMLやOpenID Connect、LDAPなど様々な認証手段に対応しています。JavaでOAuthを使用した外部サービスとの連携や、外部サービスのアカウントを使用した認証が必要な場合に利用を検討してみてください。

> **memo ▶ OpenID Connect**
>
> OAuthは、「このトークンの持ち主に対し、自サイトで管理しているリソースに対するアクセスを許可する」という「認可」のための仕様です。これに対して、OpenID Connectは、OAuth 2.0を拡張して「認証」に利用できるようにしたものです。
>
> 実際のところ、OAuthを利用するサービス側で、このアクセストークンを使用してユーザーのプロファイルを取得し、メールアドレスなど一意性のある属性を自サイトのユーザー情報を付き合わせれば、認証処理を実装することが可能です。しかし、このような使い方についてはOAuthでは仕様が規定されておらず、Webサイトごとに異なる処理が必要になります。また、OAuthをサポートしているサービスでもユーザー情報を取得するためのエンドポイントを提供しておらず、「認証」のために必要な情報を取得できない可能性もあります。
>
> これに対し、OpenID Connectでは、アクセストークンの返却時に「認証」のためのIDトークンというトークンを一緒に返します。IDトークンは「誰が」「どのサービスに」「どのユーザーを」認証したかという情報を含み、なおかつデジタル署名されていて改ざん不可能なJWT（JSON Web Token）形式のトークンです。Webサイト側では、このIDトークンを検証することで該当のユーザーが自サイトに確かにログインしていることを確認し、適切なアクセス制御を行うことができます。
>
> G Suite（旧Google Apps）やOffice 365などのクラウドサービスはOpenID Connectに対応しており、これらのサービスのアカウントを使用した認証機能を外部サービスで利用できます。

5-4 まとめ

　認証が必要なWebサイトをクロールする場合は、ユーザーの同意、クロール先サイトの規約、取得したデータの取り扱いなど通常のクロール以上に注意すべき点が多くあります。

　また、Web APIで情報を取得できる場合は、クロールが可能であっても、Web APIを優先して利用すべきです。さらに、クローリングを明示的に禁止しているWebサイトはもちろんのこと、CAPTHCAが設置されていたり、クローラーによるアクセスを検知してすぐにブロックしたりなど、明らかにクローラーを拒否しているWebサイトについては、たとえ技術的に可能であってもクロールすべきではありません。

　ユーザーやクロール先Webサイトとトラブルになったり、セキュリティ事故を起こしたりすることのないように細心の注意を払うようにしましょう。

CHAPTER 6

クローリングの応用テクニック

6-1 クローラーが守るべきマナー
6-2 必要なページのみクロールしよう
6-3 削除されたコンテンツを判定する
6-4 Webサイトの更新日時、更新頻度を学習する
6-5 究極の効率化＝クロールしない
6-6 まとめ

大きなWebサイトを定期的にクロールする場合、いかに効率的にクロールするかが鍵になります。クロールに時間をかけると新しい情報を取得するのに時間がかかってしまいますし、かといって短時間に大量のクロールを行うとクロール先のWebサイトに迷惑をかけてしまいます。
　この章では、Webサイトを効率的にクロールするための様々なテクニックを紹介します。

6-1 クローラーが守るべきマナー

　効率的にクロールすることも大事ですが、クローラーには守らなければならないマナーがあります。Chapter 1でも簡単に触れましたが、ここではこれらのマナーについてより具体的に説明していきます。

リクエスト数、リクエスト間隔の制限

　P.7「Webクローラーが守るべきルール」で挙げたように、クローラーにはクロール先のWebサイトに迷惑をかけないよう、守るべきルールがあります。特にクローラーが短時間に大量のリクエストを送信してクロール先サイトの負荷が上がりすぎないよう配慮が必要です。
　ここでは、次の前提で考えてみます。

- 同時に送信するリクエストは1つのみ
- リクエストの間隔は最低1秒あける

　この条件で「ページ数が10万件のWebサイトをクロールしたい」とすると、単純計算で約28時間、つまり丸1日以上かかるという計算になります。
　コンテンツの入れ替わりの激しいWebサイトでは、クロールにこれだけの時間をかけていては新しい情報をキャッチアップできません。このような状況下で、マナーを守りつつ、いかに効率的にクロールするかが本章の主題です。

クロールしてもよいページの制限

■ robots.txt —— サイト単位の設定

Webサイトがクローラーに対して「このページをインデックスしたいのでクロールしてほしい」「このページはクロールしてほしくない」といった意思表示をするためのファイルが`robots.txt`です。`robots.txt`はWebサイト側がクロールしてもよいページを明記したものなので、クロールする際は最初に`robots.txt`を見てどのページをクロールするのか判断します。

`robots.txt`という名前からもわかるとおり、実体はテキストファイルです。このテキストファイルの配置場所はサーバ上のどこでもよいわけではなく、必ずドキュメントルートに配置してあります（**図6.1**）。

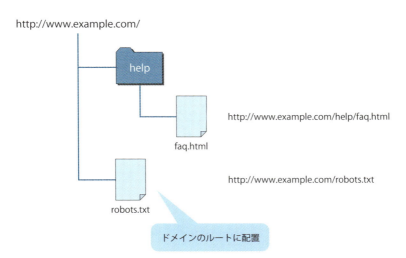

図6.1　robots.txtの配置場所

`robots.txt`の記述形式は、**リスト6.1**のようになります（**表6.1**）。

リスト6.1　robots.txtの記述例

```
User-agent: *
Crawl-delay: 5
Disallow: /test/
Disallow: /help        # disallows /help/index.html etc.
Allow: /help/faq.html

Sitemap: http://www.example.com/sitemap.xml
```

表6.1　robots.txtの記述項目

項目	説明
User-agent	対象となるクローラー
Crawl-delay	アクセス頻度。対象となるクローラーによって単位（秒や分など）が異なり、無視するクローラーもある
Disallow	対象のクローラーにアクセスしてほしくないパス
Allow	対象のクローラーがアクセスしてよいパス
Sitemap	サイトマップ[※1]やサイトマップインデックスファイルのURL

自分のクローラーはどれに従えばよいのか？

　robots.txtのUser-agentに、対象となるクローラーが記述してあります（*はすべてのクローラーが対象になります）。

```
User-agent: *
```

　これを見て、自分のクローラーがどの設定に従う必要があるのかを正しく判断しなければなりません。たとえば、リスト6.2の設定を見てみましょう。

リスト6.2　User-agentの記述例　`robots.txt`

```
User-agent: Googlebot
... Googlebotのアクセス制限の指定 ...

User-agent: *
... すべてのクローラーのアクセス制限の指定 ...

User-agent: Sample Crawler
... Sample Crawlerのアクセス制限の指定 ...
```

`User-agent`の記述順は関係なく、1つのクローラーに対して有効な設定は1つのみです。自分のクローラーが`Sample Crawler`の場合は、3番目の設定を見てクロールするページを決定します。

■ アクセス制限はDisallowとAllowを見るべし

　クローラーに対するアクセス制限は、`Disallow`と`Allow`に記述してあります。

　まず`Disallow`はわかりやすく、ここに記述してあるページはアクセスを禁止されています（**リスト6.3**）。したがって、クロールしてはいけないページということになります。

リスト6.3　すべてのアクセスを禁止されている `robots.txt`
```
User-agent: Sample Crawler
Disallow: /
```

　一方で、`Allow`に記述してあるページはアクセスを許可されています（**リスト6.4**）。なにも記述していなければ、Webサイト全体がクロール対象になります。そのため、単体だとこの記述の有効なケースがわかりにくいかもしれませんが、基本的にはアクセスを禁止するけれど「特定のディレクトリ配下だけは許可したい」「このファイルだけは許可したい」といった部分的なアクセスを許可するときに使われています。

リスト6.4　`/help/`ディレクトリのうち、`faq.html`のみアクセスを許可している `robots.txt`
```
User-agent: Sample Crawler
Disallow: /help/
Allow: /help/faq.html
```

　`robots.txt`の基本的な設定はここまでに説明したとおりですが、記述の仕方によっては設定内容がわかりにくい、まぎらわしいケースがあります。代表的なものをピックアップして紹介します。

※1　サイトマップについては、6-2「必要なページのみクロールしよう」の「意外と使えない!? サイトマップXML」（P.252）で詳しく説明します。

例1　Disallowになにも記述がない場合

`Disallow`が`/`ではなく、なにも指定がない場合は、「クロールしてほしくないページがない」、つまりサイト全体がクロール対象であり、なにも記述していないのと同等になります（リスト6.5）。

リスト6.5　すべてのアクセスを許可されている　`robots.txt`

```
User-agent: Sample Crawler
Disallow:
```

例2　ディレクトリ末尾の/の有無による違い

特定のディレクトリ配下のアクセスを禁止されている場合は、`Disallow`にそのディレクトリのパスが指定されていますが、ディレクトリパスの末尾に`/`が必要です。最後の`/`があるのとないのでは意味が変わってしまうからです。たとえば、リスト6.6の記述は、ドキュメントルートにある`test`ディレクトリ配下すべてのアクセスを禁止しています。

リスト6.6　`/test`ディレクトリ配下すべてのアクセスを禁止している　`robots.txt`

```
User-agent: Sample Crawler
Disallow: /test/
```

もし最後の`/`がない場合、ドキュメントルート直下の`test`ディレクトリだけでなく、`testbed`ディレクトリや`test.txt`ファイルなど`test`で始まるものはすべてアクセスを禁止していることになります（リスト6.7）。

リスト6.7　`/test`で始まるディレクトリやファイルのアクセスを禁止している　`robots.txt`

```
User-agent: Sample Crawler
Disallow: /test
```

このように`/test`のような指定だと対象が広範囲に及んでしまうため、さらに「パターンマッチ」を使って特定のファイルのみに絞り込むなど、より詳細に指定されていることがあります。たとえば、リスト6.8の例では、末尾であることを示すパターンマッチ`$`を使って、`readme`ファイルのみアクセスを

禁止しています。

リスト6.8 /readmeファイルのみアクセスを禁止している `robots.txt`
```
Disallow: /readme$
```

　また、任意のパスであることを示すパターンマッチ*を使って、testで始まるディレクトリのみアクセスを禁止するような指定も可能です（リスト6.9）。最後の/は、ディレクトリパスを表す/です。

リスト6.9 /testで始まるディレクトリのみアクセスを禁止している `robots.txt`
```
Disallow: /test*/
```

　このようなパターンマッチは、組み合わせて使うことが可能です。たとえば、リスト6.10の例は、pngファイルは階層にかかわらず、すべてアクセスを禁止にしています。

リスト6.10 pngファイルはすべてアクセスを禁止している `robots.txt`
```
Disallow: /*.png$
```

例3　DisallowやAllowの優先順位

　DisallowやAllowが複数記述されている場合に注意が必要なのが、記述順によって優先順位が変わることは「ない」ということです。では、どのように優先順位が決まるのかというと、より具体的な指定をした記述を最も優先します。たとえば、リスト6.11の設定を見てみましょう。

リスト6.11 DisallowやAllowは、より具体的な指定が優先される `robots.txt`
```
User-agent: Sample Crawler
Allow: /
Disallow: /test/
Disallow: /help
```

　この設定では、次のアクセス制限を指定しています。

- ドキュメントルートにある**test**ディレクトリ配下すべてのアクセスを禁止
- ドキュメントルートにある**help**で始まるディレクトリ配下やファイルすべてのアクセスを禁止

`Allow`でドキュメントルート配下すべてのアクセスを許可しているように見えますが、`Disallow`でより詳細なパスを記述しているため、`Disallow`のほうを優先する必要があります。

なお、`Disallow`と`Allow`の指定が同じ場合は、`Allow`を優先します（**リスト6.12**）。

リスト6.12　許可 `robots.txt`

```
User-agent: *
Disallow: /test/
Allow: /test/
```

Webサイト側に悪質なクローラーと判断されないためにも、`Disallow`や`Allow`は正しく解析するようにしましょう。

---

memo ▶ robots.txtを解析してくれる便利なライブラリ

`robots.txt`の解析は、前述したルールに従って自分で実装することも可能ですが、ライブラリを活用するのも1つの手です。ここでは、Javaのライブラリとしてcrawler-commonsを紹介します。

- crawler-commons

  https://github.com/crawler-commons/crawler-commons

crawler-commonsは、Webクローラーにありがちな共通的な機能を実装したJavaライブラリで、Java製のクローラーであるApache Nutch（http://nutch.apache.org）の中でも利用されています。たとえば、`robots.txt`の解析は、**リスト6.A**のようにして行います。

リスト6.A　crawler-commonsでrobots.txtを解析する
`Java`

```java
import crawlercommons.robots.BaseRobotRules;
import crawlercommons.robots.SimpleRobotRulesParser;

import java.util.List;

public class RobotParserSample {

  public static void main(String[] args) {
    // robots.txtを読み込む
    byte[] content = ...

    SimpleRobotRulesParser parser = new SimpleRobotRulesParser();
    // 引数は順に、
    // 1.URL（ログの出力に使われる）
    // 2.robots.txtの内容
    // 3.robots.txtのContent-Type
    // 4.クローラーの名前
    BaseRobotRules rules = parser.parseContent(➡
"http://www.example.com", content, "text/plain", "Sample Crawler");

    // 許可されている場合はtrue
    boolean isAllowed = rules.isAllowed(➡
"http://www.example.com/help/faq.html");
    // サイトマップ
    List<String> sitemaps = rules.getSitemaps();
    ...
  }

}
```

　また、crawler-commonsはサイトマップ、RSSやAtomのファイルも解析できます。これらのコード例についてはP.257「サイトマップを解析してくれる便利なライブラリ」を参照してください。

■ robots metaタグ —— ページごとの設定

　robots.txtで個々のページの制御を細かく記述することも可能ですが、設定が複雑になり、見通しも悪くなるため、あまり望ましいやり方とはいえません。そのため、robots.txtはディレクトリや拡張子によるファイル種別な

どの指定に留め、ページごとの制御はHTML内にrobots metaタグで指定されている場合もあります（**リスト6.13**・**表6.2**）。

リスト6.13　robots metaタグの例

```html
<html>
  <head>
    <meta name="robots" content="noindex" />
  </head>
  ...
</html>
```

表6.2　robots metaタグの属性

属性	説明
name	対象となるクローラー。すべてのクローラーを対象にする場合はrobotsと指定してある
content	対象のクローラーにインデックスの指示やリンクをたどるかどうか

content属性には、**表6.3**の項目が記述されています。

表6.3　robots metaタグのcontent属性

項目	説明
noindex	ページのインデックスを禁止
nofollow	ページ内のリンクをたどることを禁止
none	ページのインデックスおよびページ内のリンクをたどることも禁止。noindexとnofollowを指定したものと同じ
index	ページのインデックスを許可
follow	ページ内のリンクをたどることを許可
all	制限なし。indexとfollowを指定したものと同じ。robots metaタグを記述しない場合のデフォルト
noarchive	このページのキャッシュしていたデータの表示を禁止
noimageindex	ページ内の画像のインデックスを禁止
unavailable_after	指定した日時を過ぎるとこのページは検索結果に表示されない。日時はRFC 850形式（例：01-Jul-2017 00:00:00 JST）で指定

リスト6.14のように複数の項目をカンマ区切りで指定することもできます。

リスト6.14　該当ページのインデックスのみ許可しリンクアクセスは禁止する　　　HTML
```html
<meta name="robots" content="index, nofollow" />
```

微妙に意味が異なる2つのnofollow

　robots metaタグにnofollowが指定されている場合は、ページ内のリンクをたどることを禁止されているため、そのページにあるすべてのリンクをたどってはいけません。

　一方で、nofollowは、特定のリンクに対してピンポイントで設定されていることもあります（リスト6.15）。

リスト6.15　nofollowがリンクに設定されている　　　HTML
```html
<a href="http://www.example.com/index.html" rel="nofollow">サンプルサイト</a>
```

　この場合、nofollowが設定されているリンクはたどってはいけませんが、nofollowの指定のない他のリンクはたどることができます。あくまでリンクごとにたどる・たどらないを判定する必要があります。

X-Robots-Tagヘッダ ── HTML以外のファイルの場合

　PDFや画像ファイルなどmetaタグを記述できないファイルの場合は、robots metaタグを使うことができません。このような場合は、コンテンツごとの制御を行うために、X-Robots-TagをHTTPレスポンスヘッダに含めて返してくることがあります。

　X-Robots-Tagには、robots metaタグで使用できるすべての項目（content属性に記述できる項目）を使うことができます。たとえば、すべてのクローラーがnoneの場合（インデックス禁止およびリンクアクセスを禁止）は、対象のURLへHTTPリクエストを送信したレスポンスのヘッダ情報にX-Robots-Tag: noneが設定されています。

すべてのクローラーにインデックス禁止およびリンクアクセスを禁止している
```
HTTP/1.1 200 OK
Server: nginx
Date: Thu, 25 May 2017 20:35:41 GMT
```

```
X-Robots-Tag: none
...
```

特定のクローラーのみを対象にしていることもあります。

特定のクローラーを対象にしている
```
X-Robots-Tag: Googlebot: none
X-Robots-Tag: Sample Crawler: index, nofollow
```

6-2 必要なページのみクロールしよう

　ここまで紹介したように、クローラーには守るべき様々なマナーやルールが存在します。もちろん短時間に大量のリクエストを同時並行で送信すれば、巨大なWebサイトでも短時間でクロールできますが、第三者が運営するWebサイトに対してそのようなことを行うべきではありません。それでは、巨大なWebサイトをどのようにして効率的にクロールすればよいのでしょうか？

　Webサイトをクロールする場合、そのWebサイトを訪れてリンクをくまなくたどっていくことでページを取得していきます。しかし実際には日々、追加・更新されているページはWebサイト全体のうちのごく一部だけではないでしょうか。もしそうならば、Webサイト内で追加・更新された情報だけを取得できれば、短時間で無駄なくクロールできます。

　ここでは、Webサイト内で追加・更新された情報を効率よくクロールするためのテクニックを紹介します。

どこまでページングをたどるか

　ここでは、ショッピングサイトやニュースサイトなどでよく見かける一覧画面と詳細画面から成るWebサイトを前提に考えていきます（図6.2）。

　実際にクロールしたいのは商品情報やニュース記事などが掲載されている

詳細画面ですが、詳細画面をクロールするにはまず一覧画面から詳細画面へのリンクを抽出する必要があります。その際にクローラーが避けて通れないのが「ページング」です。主に画面の上部または下部に一覧画面のページ間を移動するためのリンク（「ページャー」と呼びます）が配置されており、このリンクをたどることで1ページ目、2ページ目……というように各一覧ページにアクセスできます。

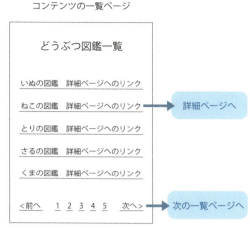

図6.2　ページングされている一覧ページ

まずはたどれるリンクを探そう

ページングを処理する場合、まずはrel="next"が設定されているlinkタグの有無を確認するとよいでしょう。Googleが次のページへのリンクとしてrel="next"を、前のページへのリンクとしてrel="prev"を記述したlinkタグをheadタグ内に設定することを推奨していることもあり、これらのlinkタグを設定しているWebサイトは少なくありません。たとえば、http://www.example.com/contents.html?page=2にアクセスしている場合のlinkタグは、次のようになります（linkタグのhref属性に記述するURLは、絶対URLでなくてはならないという決まりがあります）。

```html
<head>
  <link rel="prev" href="http://www.example.com/search.html?page=1">
  <link rel="next" href="http://www.example.com/search.html?page=3">
</head>
```

もしこのようなlinkタグが見つからない場合は、次のページに遷移するためのリンクやボタンを探すことになります（図6.3）。

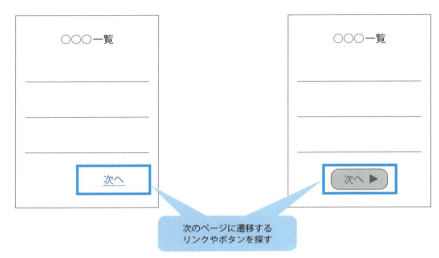

図6.3　次のページに遷移するリンクやボタン

しかし最悪のケースは、次のページに遷移するためのリンクやボタンが見当たらないときです。このような場合、隣接セレクタを使って現在表示しているページの隣り合わせのURLを取得することで、クローリングできる場合があります（図6.4）。

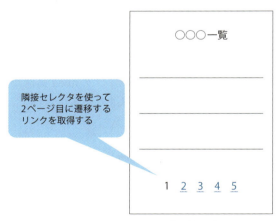

図6.4　隣接セレクタでページングをたどる

隣接セレクタは、+記号を使って「ある要素のすぐ隣にある要素」を表すことができます。次のセレクタは、Eという要素の隣り合わせにあるFという要素を表しています。

```
E + F
```

たとえば、次のHTMLを見てみましょう。現在表示しているページにはclass="active"属性が付いています。

```html
<a href="/search.html?page=1" class="active">1</a>
<a href="/search.html?page=2">2</a>
```

その隣り合わせのURLを取得すると、次のページのURLを取得することができます。

```
a.active + a
```

これがページングをたどる際の基本となります。

■新着アイコンを探せ

たとえば、コンビニで、新しく入った商品に新商品シールが貼ってあるのを見たことがありませんか？ Webサイトも同様に、新たに公開されたコンテンツには「New」「新着」といった目印が付いていることがあります。もしこのような目印があり、なおかつ一覧画面を新着順にソートできるWebサイトであれば、新着順に並べ替えて目印がなくなるまでクロールすれば追加されたページのみ取得できます（図6.5）。

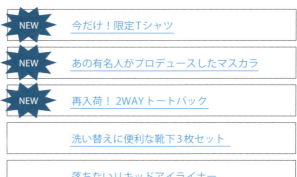

図6.5　目印があるコンテンツのみクロールする

　また、新着の目印が特に存在しない場合でも、新着順でのソートが可能であれば先頭の◯件を取得するといった方法が考えられます。件数はWebサイトごとに適宜決める必要はありますが、クロールの統計情報を取っておき、対象のWebサイトが毎日どのくらい入れ替わっているのかによっておおよその件数を決めるとよいでしょう[※2]。

■ まさかの無限ループ

　ページングをたどっていると、いつまでたっても目的のクロールが終わらないことがあります。そのような場合は、クローラーが同一の一覧ページにアクセスし続ける、いわゆる無限ループに陥っている可能性があります。

　たとえば、次のHTMLを見てみましょう。次のページに遷移するためのセレクタを`li.next a`と設定したとします。

```html
<ul>
  <li class="prev"><a href="/search.html?page=2">前へ</a></li>
  <li><a href="/search.html?page=2">2</a></li>
  <li class="active"><a href="/search.html?page=3">3</a></li>
```

※2　詳細は6-4「Webサイトの更新日時、更新頻度を学習する」（P.276）で説明します。

```html
    <li class="next"><a href="/search.html?page=4">次へ</a></li>
</ul>
```

一見うまくいきそうですが、なんと最後の一覧ページのHTMLは次のようになっていました。

```html
<ul>
  <li class="prev"><a href="/search.html?page=9">前へ</a></li>
  <li><a href="/search.html?page=9">9</a></li>
  <li class="active"><a href="/search.html?page=10">10</a></li>
  <li class="next"><a href="/search.html?page=10">次へ</a></li>
</ul>
```

次のページに遷移するためのリンクが、最後のページを指し示したまま表示され続けるのです（図6.6）。

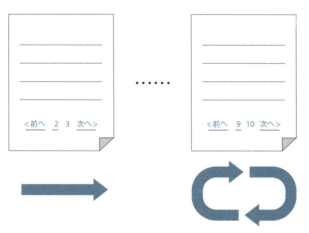

図6.6　ページングで無限ループ

これはWebサイト側の作りの問題といえますが、このようなWebサイトが一定数存在するのも事実です。対処方法は比較的簡単で、同一のURLは二度目以降クロールしないようにするとよいでしょう。

より厄介なのは、負荷軽減のために一定のページ数以降はすべて同じ結果を返す場合です（図6.7）。

図6.7 一覧の内容があるページ以降すべて同じになる

　ページングをたどることができてURLも変わってしまうので、前述のような対処方法では回避できません。どこまでクロールすれば終わりなのかの判断がつかないため、「新着順にソートして一定の件数で切り上げる」「同じ検索結果が出現したら、そこでクロールを終了する」といった対応が必要になります。

　また、こういったケースに限らず、思わぬ理由でいつまでたってもクロールが終わらないことはありえます。Chapter 1でも触れたように、特定のパターンに一致するURLのみたどるようにしたり、リンクをたどる深さに上限を設けたりなどの対策をしておいたほうがよいでしょう。

意外と使えない!? サイトマップXML

　サイトマップXMLは、Webサイトにあるページを記載したXMLファイルです。Webサイトのページ構造だけでなく、更新日や優先度などの情報も記述されています。つまり、サイトマップXMLを参照することで、新しいページを優先的にクロールできたり、クローラーがうまくリンクをたどれず見落としてしまうページもクロールできるかもしれないというわけです。

　このXMLファイルは、必ずここに配置するといった決まりは特にありません。配置場所は`robots.txt`の`Sitemap`に書かれているので、クローラーはこれを見てサイトマップのファイルの在り処を知ることができます（**リスト6.16**）。

リスト6.16　クローラーはrobots.txtのSitemapを見てサイトマップの在り処を特定する

```
User-agent: *
Allow: /

Sitemap: http://www.example.com/sitemap.xml
```

　XMLファイルの記述形式は、**リスト6.17**のようになります（**表6.4**）。

リスト6.17　サイトマップXML

```xml
<?xml version="1.0" encoding="UTF-8"?>

<urlset xmlns="http://www.sitemaps.org/schemas/sitemap/0.9">
  <url>
    <loc>http://www.example.com/</loc>
    <lastmod>2017-07-03</lastmod>
    <changefreq>weekly</changefreq>
    <priority>0.6</priority>
  </url>
</urlset>
```

表6.4　サイトマップXMLの要素

要素	必須	説明		
urlset	○	サイトマップのルート要素。XML名前空間には現在の最新「`http://www.sitemaps.org/schemas/sitemap/0.9`」が記述してある		
url	○	1ページ分を表す		
loc	○	対象ページのURL。最小12文字、最大2048文字という制限がある		
lastmod	—	最終更新日。日付は W3C Datetime形式（例：`2017-07-03T07:30:00+09:00`）。時刻を省略可能（例：`2017-07-03`）		
changefreq	—	更新頻度。指定できる値は以下		
			always	アクセスするごとに常に変わる
			hourly	1時間ごとに更新
			daily	1日ごとに更新
			weekly	1週間ごとに更新
			monthly	1か月ごとに更新
			yearly	1年ごとに更新
			never	更新がないアーカイブページ
priority	—	優先度。指定できる値は0.0〜1.0。省略した場合のデフォルトは0.5		

`lastmod`要素を見ればそのページの最終更新日がわかるので、前回クロールした日よりも`lastmod`要素の値が後になっているページのみをクロールすればよいことがわかります。それでもクロールするページが多い場合は、`changefreq`要素や`priority`要素を見てクロールするページを限定するといった工夫が必要になるでしょう。

　しかし実際は、サイトマップXML自体が更新されていないことも多く、サイトマップXMLだけでは新しいページの検知が難しいのが現実です。前述の新着アイコンや後述するRSSやAtomなども活用してサイトごとに効率的な方法を選択するとよいでしょう。

　なお、`robots.txt`の`Sitemap`にはサイトマップXMLだけでなく、次のようなファイルが指定されていることがあります。

- テキストファイルのサイトマップ
- サイトマップインデックスファイル
- gzip形式

■ テキストファイルのサイトマップ

　XML形式ではなく、URLのみを列挙したテキストファイルがサイトマップとして指定されていることがあります。この場合、サイトマップには1行に1つのURLが記載されています（図6.8）。

```
1    http://www.example.com/fashion/page1.html
2    http://www.example.com/fashion/page2.html
3    http://www.example.com/beauty/page1.html
4    …
5    
```

> 1行に1つのURLが記載されている

図6.8　テキストファイルのサイトマップ

　最終更新日や更新頻度などの詳細な情報は記載できませんが、ページ数の少ない小さなWebサイトであれば、わざわざXML形式で作るのは手間もか

かるため、このようなテキストファイルでのサイトマップになっていることがあります。

■ サイトマップインデックスファイル

1つのサイトマップXMLのファイルサイズや記述できるURLの数には制限があるため、この制限を超える場合はサイトマップインデックスファイルが指定されていることがあります。

サイトマップインデックスファイルは、複数のサイトマップXMLを記述したXMLファイルです（リスト6.18・表6.5）。

リスト6.18　サイトマップインデックスファイル

```xml
<?xml version="1.0" encoding="UTF-8"?>

<sitemapindex xmlns="http://www.sitemaps.org/schemas/sitemap/0.9">
  <sitemap>
    <loc>http://www.example.com/sitemap1.xml.gz</loc>
    <lastmod>2017-07-03T07:30:00+09:00</lastmod>
  </sitemap>
  <sitemap>
    <loc>http://www.example.com/sitemap2.xml.gz</loc>
    <lastmod>2018-01-10</lastmod>
  </sitemap>
</sitemapindex>
```

表6.5　サイトマップインデックスファイルの要素

要素	必須	説明
sitemapindex	○	サイトマップインデックスファイルのルート要素。XML名前空間には、現在の最新「http://www.sitemaps.org/schemas/sitemap/0.9」が記述してある
sitemap	○	1つのサイトマップを表す
loc	○	サイトマップの配置場所。最小12文字、最大2048文字という制限がある。RSSやAtomフィード[※3]、テキストファイルを指定することも可能
lastmod	—	サイトマップの最終更新日。日付はW3C Datetime形式（例：2017-07-03T07:30:00+09:00）。時刻を省略可能（例：2017-07-03）

※3　RSSやAtomフィードについては、のちほど「RSSやAtomからサイトの更新情報を取得する」で詳しく説明します。

lastmod要素を見ればサイトマップXMLの最終更新日がわかるので、前回クロールした日よりもlastmod要素の値が後になっているサイトマップXMLのみを見ればよいことがわかります。

■gzip形式

1つのサイトマップXMLおよび1つのサイトマップインデックスファイルのサイズは最大10MBという制限があるため、ファイルサイズの制限を超える場合、gzip形式で10MB以下になるように圧縮されていることがあります。

Javaの場合、gzip形式のファイルは`java.util.zip.GZIPInputStream`を使って読み込むことができます。リスト6.19にサイトマップを読み込むコード例を示します。

リスト6.19 サイトマップを読み込む　　　　　　　　　　　　　　　　　Java

```java
public void parse(InputStream stream, String charsetName)
throws IOException {
  BufferedInputStream bis = new BufferedInputStream(stream);
  bis.mark(512);

  // 先頭の512バイトを読み込む
  byte[] bytes = new byte[512];
  bis.read(bytes, 0, 512);
  String start = new String(bytes, charsetName);
  bis.reset();

  // サイトマップXML
  if (start.contains("<urlset")) {
    ...

  // サイトマップインデックス
  } else if (start.contains("<sitemapindex")) {
    ...

  // テキストファイルのサイトマップ
  } else if (start.matches("^https?://.*")) {
    ...

  // gzip形式
  } else {
    GZIPInputStream gz = new GZIPInputStream(bis);
    parse(gz, charsetName);
```

```
    }
}
```

> **memo** サイトマップを解析してくれる便利なライブラリ

P.242「robots.txtを解析してくれる便利なライブラリ」で紹介したcrawler-commons[※4]は、サイトマップの解析も行うことができます（**リスト6.A**）。

リスト6.A　crawler-commonsでサイトマップを解析する

```java
import crawlercommons.sitemaps.*;

import java.io.IOException;
import java.net.URL;

public class SiteMapParserSample {

  public static void main(String[] args) throws IOException, ➡
UnknownFormatException {
    byte[] content = ...
    URL sitemapUrl = new URL("http://www.example.com/sitemap.xml");

    SiteMapParser parser = new SiteMapParser();
    AbstractSiteMap sitemap = parser.parseSiteMap(content, ➡
sitemapUrl);

    // サイトマップインデックスファイルかどうか
    if (sitemap.isIndex()) {
      SiteMapIndex smIndex = (SiteMapIndex) sitemap;
      for (AbstractSiteMap sm : smIndex.getSitemaps()) {
        // （例）http://www.example.com/sitemap1.xml.gz
        URL url = sm.getUrl();
        ...
      }
    } else {
      SiteMap sm = (SiteMap) sitemap;
      for (SiteMapURL u : sm.getSiteMapUrls()) {
        // （例）http://www.example.com/catalog?item=1
        URL url = u.getUrl();
        ...
      }
```

※4　https://github.com/crawler-commons/crawler-commons

```
    }
  }
}
```

ただし、`SiteMapParser`は、内部的には`javax.xml.parsers.DocumentBuilder`によるDOMパーサであるという点に注意が必要です。DOMパーサはパース（構文解析）したDOMツリーをすべてメモリ上に保持するため、ファイルサイズが大きいと`java.lang.OutOfMemoryError`が発生してしまう可能性があります。

crawler-commonsには、`SiteMapParserSAX`という、逐次読み込みを行うSAXパーサも用意されています。巨大なサイトマップを扱う場合は、こちらを利用するとよいでしょう（リスト6.B）。

リスト6.B　巨大なサイトマップの解析には`SiteMapParserSAX`を使う　　　　　　Java
```java
SiteMapParser parser = new SiteMapParserSAX();
AbstractSiteMap sitemap = parser.parseSiteMap(content, sitemapUrl);
...
```

さらにcrawler-commonsは、次項で取り上げるRSSやAtomもパースすることができます（リスト6.C）。

リスト6.C　crawler-commonsでAtomをパースする　　　　　　Java
```java
URL atomUrl = new URL("http://www.example.com/atom.xml");

SiteMapParser parser = new SiteMapParserSAX();
SiteMap atom = (SiteMap) parser.parseSiteMap(content, atomUrl);

int count = atom.getSiteMapUrls().size();
```

RSSやAtomからサイトの更新情報を取得する

Webサイト（特にブログやニュースサイトなど）の更新情報を示すための手段として、RSSやAtomフィードがあります。フィードには、追加・更新された記事の一覧に加え、コンテンツの概要（場合によっては全文）を含んでいることもあります。ユーザーは、RSSリーダーと呼ばれるサービスやア

プリケーションでこれらのフィードを購読することで、Webサイトの更新情報を知ったり、RSSリーダー上でコンテンツを参照したりできます。

　クローラーでも効率的にクロールするための方法の1つとして、RSSやAtomフィードを活用できます。

■ RSS 1.0 / 2.0

　RSSは、拡張子が**.rdf**や**.rss**のXMLファイルで、Webサイトの更新情報が記載されています。そのため、RSSの情報を参照すれば更新された情報だけを効率よく取得できます。

　RSSには、RSS 1.0（**リスト6.20**）とRSS 2.0（**リスト6.21**）があり、それぞれ仕様が異なります。

リスト6.20　RSS 1.0の例

```xml
<?xml version="1.0" encoding="UTF-8" ?>

<rdf:RDF xmlns="http://purl.org/rss/1.0/" xml:lang="ja"
  xmlns:rdf="http://www.w3.org/1999/02/22-rdf-syntax-ns#"
  xmlns:dc="http://purl.org/dc/elements/1.1/">

  <channel rdf:about="http://www.example.com/news.rss">
    <!-- Web サイトのタイトル ( 必須 ) -->
    <title>example.com</title>
    <!-- Web サイトのURL( 必須 ) -->
    <link>http://www.example.com</link>
    <!-- Web サイトの説明 ( 必須 ) -->
    <description>This is an example.</description>
    <!-- RSS フィードの最終更新日時 -->
    <dc:date>2017-07-03T07:30:00+09:00</dc:date>
    <!-- ページのURL を列挙 -->
    <items>
      <rdf:Seq>
        <rdf:li rdf:resource="http://www.example.com/content.html" />
      </rdf:Seq>
    </items>
  </channel>

  <!-- 各ページの情報 -->
  <item rdf:about="http://www.example.com/content.html">
    <title>Title</title>
```

```xml
      <link>http://www.example.com/content.html</link>
      <description>Description</description>
      <dc:date>2017-07-02T23:10:20+09:00</dc:date>
    </item>

</rdf:RDF>
```

リスト6.21　RSS 2.0の例

```xml
<?xml version="1.0" encoding="UTF-8" ?>

<rss version="2.0">
  <channel>
    <!-- Webサイトのタイトル（必須）-->
    <title>example.com</title>
    <!-- WebサイトのURL（必須）-->
    <link>http://www.example.com</link>
    <!-- Webサイトの説明（必須）-->
    <description>This is an example.</description>
    <!-- RSSフィードの最終更新日時 -->
    <lastBuildDate>Mon, 03 Jul 2017 07:30:00 +0900</lastBuildDate>
    <!-- ページの情報を列挙 -->
    <item>
      <title>Title</title>
      <link>http://www.example.com/content.html</link>
      <description>Description</description>
      <pubDate>Sun, 02 Jul 2017 23:10:20 +0900</pubDate>
    </item>
  </channel>
</rss>
```

　しかし、RSSには次のように多くの問題点があり、仕様としても時代遅れになってきているという背景があります。

- 仕様の決定権を持っている企業や個人に強く依存する
- バージョン間で仕様の互換性がない
- RSSの仕様はすでに凍結されており、新機能の追加ができない
- 仕様にあいまいな部分があり、配信側・受信側ともに混乱の元になる

　このような問題点を解消すべく、策定が始まったのがAtomです。

■ Atom

Atomには、大きく2つの仕様があります。

①RSSと同じく情報を配信するためのフォーマットを定義した「The Atom Syndication Format」
②①のフォーマットを使って、RESTのようなWeb APIが可能になる標準的なプロトコルを定義した「The Atom Publishing Protocol」

ここでは、①のフォーマットについて取り上げます。Atomフォーマットの仕様は、インターネット技術の標準化を推進するIETF（Internet Engineering Task Force）のRFC4287で進められています。仕様が明確かつオープンであり、誰でも機能拡張ができることを目指しています。

現在の仕様は、Atom 1.0になります（**リスト6.22**）。

リスト6.22　Atom 1.0の例

```xml
<?xml version="1.0" encoding="UTF-8" ?>

<feed xmlns="http://www.w3.org/2005/Atom" xml:lang="ja">
  <!-- フィードのユニーク識別子（必須） -->
  <id>uuid:xxx</id>
  <!-- Webサイトのタイトル（必須） -->
  <title>example.com</title>
  <!-- フィードの最終更新日時（必須） -->
  <updated>2017-07-03T07:30:00+09:00</updated>
  <!-- WebサイトのURL -->
  <link href="http://www.example.com"/>
  <!-- Webサイトの説明 -->
  <subtitle type="text">This is an example.</subtitle>
  <!-- ページの情報を列挙（id, title, updated は必須） -->
  <entry>
    <id>uuid:xxx</id>
    <title>Title</title>
    <updated>2017-07-02T23:10:20+09:00</updated>
    <link href="http://www.example.com/content.html"/>
    <summary>Description</summary>
  </entry>
</feed>
```

■ PubSubHubbub

　RSSやAtomフィードは、効率的なクロールを実現するために利用可能な手段の1つですが、この手法の最大の弱点はWebサイト側が「受け身」であるということです。いくらWebサイト側がフィードを更新したとしても、クロールしに行かなければ新しい情報を取得できません。

　逆にWebサイト側が更新情報をリアルタイムで通知することで「自発的」に自分のWebサイトへクローラーを呼び込む手法が「PubSubHubbub（パブサブハブバブ）」です。

　PubSubHubbubという名称は、Publisher（配信）の略である「Pub」、Subscriber（受信）の略である「Sub」、両者の間に介在する「Hub」、ペチャクチャしゃべることを意味する「hubble-bubble」の4つの頭文字から成ります。PubSubHubbubを略して、PuSH（プッシュ）と呼ばれることもあります。

　PublisherがWebサイトに相当し、Subscriberがクローラーに相当すると考えてください（図6.9）。まず、Publisher（Webサイト）は更新情報をHubへ送信します。それを受けて、HubはSubscriber（クローラー）へ更新情報を送信します。

図6.9　PubSubHubbubの流れ

　Webサイトから見れば、更新情報を自ら送信することで、クローラーに取り込んでもらうまでのタイムラグを短くすることができます。クローラーから見ても、Webサイトからの更新通知を契機に対象のWebサイトのクロールを開始することで「クロールしたのに追加・更新された情報がなかった」とい

う状況を回避できます。PubSubHubbubは、Webサイト、クローラー双方にメリットがあるプロトコルといえるでしょう[※5]。

> **Column インデキシング時の負荷はどうする？ 差分更新という1つの解**
>
> クロールの効率化と並んで、効率化が必要になるポイントとしてデータの保存処理があります。
>
> クロールしたデータを用いて検索サービスを提供したり、分析対象としてデータベースに保存したりする場合は、検索エンジンへのインデキシングや、データベースに保存するデータを抽出するための解析処理が必要になります。しかし、これらの処理は比較的重い処理になることが多いため、もしクロールしたデータに前回と変更がない場合に処理をスキップできるとコンピュータのリソースや処理時間の節約になります。
>
> このような場合、たとえば「コンテンツのハッシュ値を取っておき、そのハッシュ値が同じであれば変更なしと判断して処理をスキップする」といった対応が考えられます（図6.A）。
>
>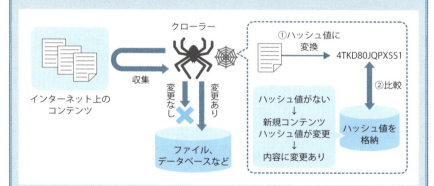
>
> 図6.A 差分更新のイメージ
>
> ただし、コンテンツのどの部分からハッシュ値を計算するかは、慎重に検討する必要があります。安易にページ全体のハッシュ値を取ると、広告やレコメンド商品など、表示ごとに毎回内容が変わる部分につられてハッシュ値が変わってしまい、適切な比較ができなくなってしまいます。

※5 2017年4月、PubSubHubbubはWebSubとしてW3C勧告候補（https://www.w3.org/TR/websub/）となっており、今後の普及が期待されるところです。

コンテンツをキャッシュして通信を減らす

　Webページに含まれている情報の中でも、とりわけ画像のような静的コンテンツは、それほど頻繁には更新されない傾向があります。また、画像などはファイルサイズが大きいこともあり、ブラウザはこれらのファイルを何度も繰り返し取得しなくて済むようにキャッシュしています。同様に、クロールでアクセスする際もコンテンツをキャッシュすることで、変更のないコンテンツを何度も取得せずに済ませることができます。

　コンテンツのキャッシュによる効率化を行う場合、まずはそもそも対象のリソースにアクセスせずに済むかどうかを考えます。アクセスしなくても済むのであれば、不必要な通信を減らすことができます。このためには、最初にコンテンツにアクセスした際に次のことを行っておく必要があります。

- レスポンスをキャッシュしておく
- キャッシュしている情報の有効期限を記録しておく

　この事前準備を行っておくことで、あるコンテンツに対するキャッシュが存在する場合、そのキャッシュが有効期限内であればキャッシュを利用できます。

　有効期限は、コンテンツにアクセスした際のレスポンスヘッダからわかります（**リスト6.23**）。

リスト6.23　有効期限を確認する

```
$ curl -I https://tools.ietf.org/html/rfc7234
HTTP/1.1 200 OK
Date: Sun, 16 Apr 2017 16:29:36 GMT
Server: Apache/2.2.22 (Debian)
Content-Location: rfc7234.html
Vary: negotiate,Accept-Encoding
TCN: choice
Last-Modified: Sun, 09 Apr 2017 07:33:31 GMT
ETag: "225d6d7-1f3f3-54cb6e01848c0;54d4b2c8a73f2"
Accept-Ranges: bytes
Content-Length: 127987
Cache-Control: max-age=604800
Expires: Sun, 23 Apr 2017 16:29:36 GMT
```

```
Strict-Transport-Security: max-age=3600
X-Frame-Options: SAMEORIGIN
X-Xss-Protection: 1; mode=block
X-Content-Type-Options: nosniff
Content-Type: text/html; charset=UTF-8
```

　この中で注目すべき項目は、`Expires`ヘッダと`Cache-Control`ヘッダです。

　`Expires`ヘッダは、キャッシュの有効期限を表します。つまり、この日時までは、サーバにアクセスすることなくキャッシュを利用できることを意味します。

　そしてもう1つの`Cache-Control`ヘッダも同じくキャッシュに関する項目ですが、こちらは指定されているディレクティブによって意味が異なります（**表6.6**）。

表6.6　`Cache-Control`ヘッダのディレクティブ

ディレクティブ	説明
`max-age`	キャッシュが利用可能な期間。秒指定
`no-cache`	キャッシュしたコンテンツは、有効かどうかをアクセスして確認してから利用する必要がある
`no-store`	キャッシュしてはいけない

　もし**リスト6.23**のように、`Expires`ヘッダと、`Cache-Control`ヘッダの`max-age`ディレクティブの両方が指定されている場合は、`max-age`ディレクティブのほうを優先します[※6]。

　さて、キャッシュが有効期限内であれば、キャッシュを利用できますが、もし有効期限が切れている場合は、サーバへ条件付きでアクセスする必要が生じます。その際に、必要な項目も最初にアクセスした際のレスポンスの`ETag`ヘッダと`Last-Modified`ヘッダから取得できるので、キャッシュする際に一緒に記録しておく必要があります。

　なお、Jsoupでは、**リスト6.24**のようにしてレスポンスのヘッダを参照できます。

※6　https://tools.ietf.org/html/rfc7234#section-5.3
　　If a response includes a Cache-Control field with the max-age directive (Section 5.2.2.8), a recipient MUST ignore the Expires field.

リスト6.24　Jsoupでレスポンスヘッダを参照する

```java
String url = "https://tools.ietf.org/html/rfc7234";

Response res = Jsoup.connect(url).execute();

String expires = res.header("Expires");
  // => Sun, 23 Apr 2017 16:29:36 GMT

String cacheControl = res.header("Cache-Control");
  // => max-age=604800

String eTag = res.header("ETag");
  // => "225d6d7-1f3f3-54cb6e01848c0;54d4b2c8a73f2"

String lastModified = res.header("Last-Modified");
  // => Sun, 09 Apr 2017 07:33:31 GMT
```

　ETagヘッダは、URLが指し示すリソースが同じかどうかを確認する際に使用します。また、**Last-Modified**ヘッダは、リソースの最終更新日時を表します。これらは「検証子（validator）」と呼ばれ、キャッシュの有効期限が切れてサーバへ問い合わせるときに付与します。その際に使うリクエストヘッダは、**表6.7**のとおりです。

表6.7　キャッシュの有効性をサーバへ問い合わせるときに使うリクエストヘッダ

レスポンスヘッダ	キャッシュの有効性を確認する際のリクエストヘッダ
ETag	If-None-Match
Last-Modified	If-Modified-Since

　このような検証子を付与してアクセスした結果、**304 Not Modified**が返ってきた場合はリソースに変更がないという意味なので、引き続きキャッシュを利用できます（**リスト6.25**）。変更がある場合は**200 OK**が返ってくるので、キャッシュを新しい内容に更新する必要があります。

リスト6.25　Jsoupでリクエストヘッダを設定してアクセスする

```java
Response res = Jsoup.connect(url)
    .header("If-None-Match", eTag)
    .header("If-Modified-Since", lastModified)
    .execute();
```

```
int statusCode = res.statusCode();
```

通信が必要ですが、変更がある場合のみコンテンツが返ってくるので、こちらも不必要な通信量を減らすことができます。

gzip圧縮でレスポンスを高速化

1つのページに対するレスポンスが速いWebサイトと遅いWebサイトでは、同じページ数をクロールする場合でも全体で要する時間に大きく差が出ます。そのため、1つのページをクロールするのに要する時間は、少ないに越したことはありません。

Webサイトによっては、HTMLやCSSなどのコンテンツを圧縮して送信する機能をサポートしていることがあります。コンテンツを圧縮することでサーバからクライアントへ転送するサイズを減らすことができるため、通信量を減らしレスポンス速度の向上が期待できます。ただし、レスポンスを受け取ったクライアント側では、圧縮されたコンテンツを展開して表示する必要があります。

gzip圧縮を活用する際の処理の流れについて見てみましょう。

まずは、クライアントから「圧縮転送してもいいですよ」という合図として、`Accept-Encoding: gzip, deflate`というヘッダを含めてリクエストを送信します（**リスト6.26**）。

リスト6.26　クライアントから圧縮転送OKの合図を付けてリクエスト
```
$ curl -IL -H 'Accept-Encoding: gzip, deflate' http://en.wikipedia.org/
```

`curl`コマンドには`--compressed`オプションがあり、このオプションを付けるとlibcurlがサポートするアルゴリズムを自動的に`Accept-Encoding`ヘッダで送信してくれます（**リスト6.27**・**図6.10**）。

リスト6.27　--compressedオプションを付けてリクエスト
```
$ curl -Lv --compressed http://en.wikipedia.org/
```

```
$ curl -Lv --compressed http://en.wikipedia.org/
…省略…

> GET /wiki/Main_Page HTTP/1.1
> User-Agent: curl/7.30.0          自動的に付与してくれる
> Host: en.wikipedia.org
> Accept: */*
> Accept-Encoding: deflate, gzip
>
< HTTP/1.1 200 OK
< Date: Thu, 04 May 2017 15:06:00 GMT
< Content-Type: text/html; charset=UTF-8
< Content-Length: 17959
< Connection: keep-alive
* Server mw1239.eqiad.wmnet is neot blacklisted
< Server mw1239.eqiad.wmnet
< X-Powered-By: HHVM/3.12.14
< Content-Encoding: gzip
```

図6.10　リクエストヘッダに Accept-Encoding を自動で付ける

　ただし、要求どおりに圧縮転送してくれるかどうかはサーバ次第です。対象のWebサイトが圧縮転送に対応しているかどうかは、レスポンスに`Content-Encoding`ヘッダが含まれているかどうかで確認できます。たとえば、`Content-Encoding: gzip`というヘッダが含まれていれば、レスポンスはgzip圧縮されて転送されています（**図6.11**）。

```
$ curl -IL -H 'Accept-Encoding: gzip, deflate' http://en.wikipedia.org/
…省略…

HTTP/1.1 200 OK
Data: Thu, 04 May 2017 15:12:24 GMT
Content-Type: text/html; charset=UTF-8
Content-Length: 17954
Connection: keep-alive               圧縮転送に対応している
Server mw1257.eqiad.wmnet
X-Powered-By: HHVM/3.12.14
Content-Encoding: gzip
P3P: CP="This is not a P3P policy! See https://en.wikipedia.org/wiki/Specia
X-Content--Type-Options: nosniff
Content-Length: en
```

図6.11　レスポンスが gzip 圧縮されて転送されている

一方で、クライアントから圧縮転送してもよいという合図を送っていないにもかかわらず、常にレスポンスをgzip圧縮して転送してくるお行儀の悪いWebサイトもあります。クライアント側が圧縮転送に対応していない場合は、非常に迷惑な話です。

Jsoupは、リクエスト送信時に自動的に`Accept-Encoding: gzip`ヘッダを付与し、必要に応じて`GZIPInputStream`を使ってレスポンスを自動的に展開してくれます（リスト6.28）。そのため、Jsoupを使っている場合は、gzip圧縮について特に意識する必要はありません。

リスト6.28　Jsoupを使っている場合　　　　　　　　　　　　　　　Java
```java
// 圧縮転送される場合でもライブラリで自動的に展開してくれる
Document doc = Jsoup.connect("http://en.wikipedia.org/").get();
Elements newsHeadlines = doc.select("#mp-itn b a");
```

6-3 削除されたコンテンツを判定する

クローリングでは、新しく取得したコンテンツ・更新されたコンテンツを追加するだけでなく、削除されたコンテンツを判別しなくてはならない場合もあります。たとえば、クローラーで収集したデータを使用して検索サービスを提供している場合、コンテンツがWebサイトから削除されているときにはなるべく早くインデックスから削除する必要があります。

この対処には、次のようにいくつかの戦略が考えられます。

- コンテンツに明示的に終了期限が記載されている場合は、その日時にインデックスから削除する
- 対象のWebサイトを定期的にクロールし、コンテンツが見つからなかったら削除されたものとみなす
- インデックス済みのURLを定期的にチェックし、特定のステータスコードが返ってきたら削除されたものとみなす
- 一覧ページにURLが存在しなければ削除されたものとみなす

それぞれの戦略について詳しく見ていきましょう。

コンテンツに記載された終了期限を使用する

ショッピングサイトや求人サイトなどでは、商品の販売期間や求人の応募期間などが明記されている場合があります（図6.12）。この期日が信用できるのであれば、期日を過ぎたコンテンツを削除するというのが最もシンプルな戦略です。

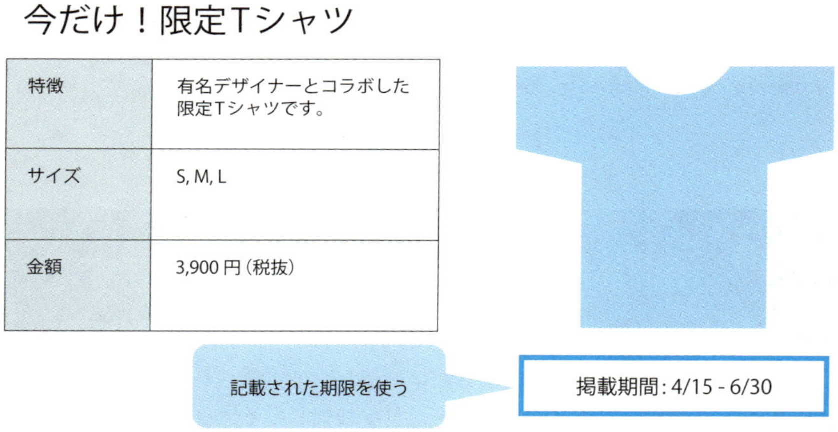

今だけ！限定Tシャツ

特徴	有名デザイナーとコラボした限定Tシャツです。
サイズ	S, M, L
金額	3,900 円（税抜）

記載された期限を使う

掲載期間：4/15 - 6/30

図6.12　終了期限の記載があるとき

これはクロール対象のWebサイトにも負荷をかけないので、非常にリーズナブルな手法といえます。

しかし実際は、記載されている期日が信用できないケースがけっこう多いという問題があります。これらのWebサイトでは、商品の売れ行きや求人への応募状況がよくなければ期日が延長されたり、逆に状況がよければ期日より前に締め切られてしまうこともあります。また、こういった背景により、そもそも有効期限が明記されていないケースもあります。このようなコンテンツに対して、削除されたことを検出したいとなると、別の方法を検討する必要があります。

対象サイトを定期的にクロールする

　最も単純な方法ですが、そもそも対象のWebサイト全体を定期的にクロールしているのであれば、前回は取得できたけれど今回のクロール時に取得できなかったコンテンツは削除されたものとみなすことができます。

　しかし、大規模なWebサイトの場合はWebサイト内のすべてのコンテンツを定期的にクロールすると時間がかかりすぎてしまうため、新着コンテンツのみクロール対象にするなどの効率化が必要になってきます。この場合、Webサイト全体をクロールしていないので、クロール結果から削除されたコンテンツがどれなのかを特定できません。したがって、別の方法を検討する必要があります。

インデックス済みのURLを定期的にチェックする

　コンテンツにアクセスしたとき、そのコンテンツが存在しなければ、レスポンスは通常、`404 Not Found`や`410 Gone`というステータスを返します。このステータスを活用して、「インデックス済みのURLをチェックし、上記のステータスが返ってきたら削除されたものとみなしてインデックスから削除すればよい」ということになります（図6.13）。

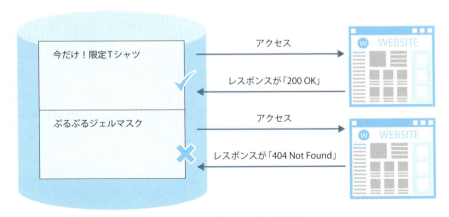

図6.13　ステータスコードによる判定

Jsoupでは、**リスト6.29**のようにしてステータスコードを確認できます。デフォルトでは上記のステータスコードが返ってきた場合は`org.jsoup.HttpStatusException`が発生しますが、`ignoreHttpErrors(true)`を指定しておくと例外をスローしなくなります。コンテンツの存在確認のようなステータスコードによって処理を分岐する必要があるときに活用するとよいでしょう。

リスト6.29　Jsoupでステータスコードを確認する　　　　　　　　　　　　`Java`

```java
import org.jsoup.Connection.Response;
import org.jsoup.Jsoup;

import java.io.IOException;

public class NotFoundSample {

  public void execute() throws IOException {
    String url = "https://www.google.co.jp/123";

    Response res = Jsoup.connect(url)
        .ignoreHttpErrors(true)
        .execute();
    int statusCode = res.statusCode();

    if (statusCode == 404) {
        // ... コンテンツが存在しない場合の処理 ...
    }
  }
}
```

しかし、必ずしも正しいステータスを返してくれないWebサイトもあります。また、ショッピングサイトなどでは、商品が売り切れている場合など、たとえコンテンツが存在するとしてもデータからは削除したいというときもあるでしょう。このようなときの対処法についてはChapter 2の2-3「信用できないレスポンスステータス」（P.40）を参照してください。

> **memo** 意外と使えないHEADメソッド
>
> 　少しでも通信量を減らすために、ステータスをHEADメソッドで確認することも考えられます。
>
> 　しかし実際は、HEADメソッドをサポートしていないWebサイトや、すべてのHEADリクエストに対して404 Not Foundを返してくるようなWebサイトもあります。もちろんこの場合は、HEADメソッドによるレスポンスからコンテンツが削除されたかどうかを判断できないので、GETメソッドで確認するなどの方法を検討する必要があります。
>
> 　Webサイトごとに対応が必要になり面倒ではありますが、「HEADメソッドをサポートしていないWebサイトのみGETメソッドを使う」といった配慮を怠らないようにしましょう。

一覧ページにURLが存在しなければ削除されたものとみなす

　インデックス済みのURLを定期的にチェックする方法も、チェックするページ数が多い場合はかなりの時間を要します。各コンテンツにアクセスすると時間がかかるのなら、ここで少し発想を変えて、各コンテンツにアクセスせずに判定できる方法はないか考えてみましょう。

　クロールを行う際に一覧ページから詳細ページに遷移する形式のWebサイトであれば、一覧ページにリンクの存在しないページは削除されたものとみなすことができます。つまり、一覧ページをクロールするだけで、削除されたコンテンツを抽出できるというわけです（図6.14）。

図6.14　一覧だけで削除コンテンツを判定する

　一覧ページで各コンテンツのリンクを抽出し、従来であればそのコンテンツにアクセスするところですが、アクセスはせず「このコンテンツは存在している」とみなしてインデックスに印を付けておきます（**リスト6.30**）。最終的に印の付いていないコンテンツは、削除されたものとみなすことができます。

リスト6.30　Jsoupで一覧ページのみクロールして取得したHTMLからリンクを抽出する　Java

```java
import org.jsoup.Jsoup;
import org.jsoup.nodes.Document;
import org.jsoup.nodes.Element;
import org.jsoup.select.Elements;

import java.io.IOException;

public class ListCrawlerSample {

  public void start() throws Exception {
    String url = "http://takezoe.hatenablog.com/";

    // 一覧ページのみクロール（ここではサンプルとして3ページ分だけ）
    for (int i = 0; i < 3; i++) {
      Element nextUrl = execute(url);

      if (nextUrl == null) {
        break;
      } else {
        url = nextUrl.attr("href");
```

```
      ...
    }
  }

  // ... 最終的に印が付いていないものは削除されたとみなし処理を行う ...

}

public Element execute(String url) throws IOException {
  // GETリクエストを送信し、レスポンスをDocumentオブジェクトで取得
  Document doc = Jsoup.connect(url).get();

  // 取得したHTMLから各記事のリンクを抽出
  Elements elements = doc.select("a.entry-title-link");
  // 抽出したリンクを1件ずつ処理
  for (Element element: elements) {
    // リンクのURLを取得（アクセスはしない）
    String entryUrl = element.attr("href");

    // ... entryUrlは存在するとみなして印を付ける等の処理を行う ...
  }

  // 次のページのリンクを抽出
  return doc.select("a[rel=next]").first();
  }
}
```

　これはチェックの時間を大幅に短縮できますし、対象のWebサイトへのアクセスを減らすこともできるため、非常にメリットの大きい方法です。

　しかし、中にはどういうわけか、実際にはコンテンツが存在しない場合でも一覧に表示が残っているWebサイトもあります。残念ながら、このようなWebサイトにはこの方法は使えません。この方法はあくまで「一覧ページからアクセスできないコンテンツは削除されたものとみなす」のであって、実際にコンテンツの有無を厳密に判定できるわけではないということに留意しておきましょう。

残る問題

　URLをチェックするにしろ、対象サイトを定期的にクロールするにしろ、大量のコンテンツを収集している場合、削除されたコンテンツを発見するにはそれなりに時間がかかるという問題があります。これはクローラーが本質的に抱えている問題であり、クロール先サイトの負荷を気にせず大量のアクセスを行えば判定にかかる時間を短縮できますが、本来はこのようなことをすべきではありません。

　しかし、たとえばURLを1つずつチェックするにしても、

- 削除されている可能性の高い古いものから順にチェックする
- 長期間存在しているページは、今後も存在する可能性が高いとみなしてチェック間隔を延ばす

というように、効率を高める工夫の余地はあります。

6-4 Webサイトの更新日時、更新頻度を学習する

　定期的にクロールしていると、対象のWebサイト特有の傾向が見えてくることがあります。

- 毎週○曜日にメンテナンスをしているようだ
- ○時～○時の間はアクセスするとエラーになることが多い
- 決まった日だけコンテンツ数が極端に少ない

　このような統計情報を取っておくと、リソースを有効活用できるだけでなく、継続的なクロールの計画が立てやすくなります。どのような情報を取っておくとよいかを簡単に紹介します。

明記されている更新日時を探す

　Webサイトによっては、更新する曜日や時間が明記されていることがあります。明記された曜日、時間にクロールするようにすれば、無駄なアクセスを防ぐことができます。

エラー日時を把握しその日時を避ける

　クローラーからのリクエストがエラーになってしまうことがあります。もしそれが障害などWebサイト側にとって予期せぬものならば、クロール側では対策のしようがないため、あきらめるしかありません。一方、定期メンテナンスなどあらかじめ予定されているものであれば、毎週同じ曜日、毎月同じ日にエラーになる、といったなにかしらの規則性が見えてくる場合があります。規則性があるのであれば、その曜日・時間帯を避けてクロールのスケジュールを立てるとよいでしょう。

　また、仮に規則性がなかったとしても、単位時間当たりのエラーが一定回数を超える場合はクロールを中断するようにしましょう。Webサイトの規模などにもよりますが、1～2回程度のエラーなら、たまたま特定のページのみ発生するという可能性もあります。しかし、エラーが継続する状況は健全な状態とはいえません。このような状況でクロールを続けても、正しいコンテンツが取得できない可能性もありますし、なによりWebサイト側にとっても迷惑です。

　クロールをする際は、エラーになった回数も同時に記録しておき、あらかじめ決めておいた回数を超えてエラーが発生するときは、クロールを切り上げるようにするとよいでしょう。

更新頻度に応じてクロール頻度を調整する

　コンテンツの更新頻度は、Webサイトによって様々です。たった1日で非常に多くのコンテンツが入れ替わるWebサイトもあれば、1か月経ってもほとんど入れ替わりがないWebサイトもあります。また、月末や月初は多くの

コンテンツが入れ替わり、月中はあまり入れ替わりがない、というように時期によって更新頻度が異なるWebサイトもあります。これらのWebサイトを常に同じ頻度でクロールするのは少し効率が悪いといえます。たとえば、更新頻度の高いWebサイトは毎日クロールしたいけど、更新頻度の低いWebサイトは隔日および隔週のクロールで十分、といった調整をするのが望ましいでしょう。

このように、クロール頻度を調整したいときは、まず「どのWebサイトが、いつ、どのくらい更新件数があるか」という情報を残しておく必要があります。新しいコンテンツおよび内容に変更があるコンテンツと判断し、取り込んだ件数を記録しておくとよいでしょう。記録しておいたデータから件数の変化に規則性を見出すことができれば、更新の多そうなタイミングでクロールすることが可能になります。

クロール所要時間から クローラーのリソース使用量を平準化する

効率的なクロールには、クローラーを運用するサーバのリソースをなるべく効率的に活用するという観点も含まれます。少ないサーバで多くのWebサイトをクロールすることができれば、その分コスト削減につながります。

Webサイトによってクロールに要する時間は大きく異なります。仮にWebサイト内のページ数は同じでも、リクエスト間隔やレスポンス速度による違いで、Webサイト全体のクロールに要する時間は大きく変わってきます。クロール対象のWebサイトが増え、クローラーを大規模に運用するようになってくると、ある時間帯にどのくらいのWebサイトのクロールが動いているのか把握することが難しくなってきます。すると、クロールがある特定の時間帯に偏ってしまい、クローラーが稼働しているサーバのリソース消費にも時間帯によって偏りが出てきてしまいます。

Webサイトごとにクロールに要した時間を記録しておくことで、どのWebサイトにどのくらい時間を要するのかがわかります。そのため、同じ時間帯に動いているクローラーの数がなるべく均等になるようにスケジューリングを行うことで、リソース使用量の偏りを軽減できます。

究極の効率化＝クロールしない

ここまで、Webサイトを効率的にクロールするためのテクニックを紹介してきましたが、そもそもクロールしなくても済むのであれば、それに越したことはありません。

外部サイトへの広告掲載やデータ連携などの目的で、XMLなどの形式でデータフィードを提供しているWebサイトもあります。

また、Wikipediaは二次利用前提でWebサイトの全データを公開[※7]していますし、日本郵便のように日本全国の住所データをCSV形式で配布[※8]している場合もあります。ハローワークでは、求人情報の提供者が同意したものについてオンラインで一括ダウンロード[※9]が可能です（ただし要申請）。

これらのデータフィードが利用可能であれば、クロールよりも効率的にデータを取り込むことができますし、Webサイト側もクロールによる負荷の増加を防ぐことができるので、双方にメリットがあるといえます。特に大規模なWebサイトの場合、クロールする前にまずWebサイトの運営者にデータフィードの提供が可能かどうか問い合わせてみるのもよいでしょう。

※7 Wikipedia:データベースダウンロード - Wikipedia
https://ja.wikipedia.org/wiki/Wikipedia:データベースダウンロード

※8 郵便番号データダウンロード - 日本郵便
http://www.post.japanpost.jp/zipcode/download.html

※9 ハローワークの求人情報のオンライン提供 - 厚生労働省
http://www.mhlw.go.jp/stf/seisakunitsuite/bunya/0000054206.html

6-6 まとめ

　この章では、Webサイトを効率的にクロールするための様々なテクニックを紹介してきました。

　大規模なWebサイトでは、クロールに時間をかけると新しい情報を取得するのに時間がかかってしまいますし、削除されたコンテンツの検出も難しくなります。これらの処理を「マナーを守りつつ、いかに効率的に行うか」という点が大規模かつ継続的にクロールする場合の勘所です。

　Webサイトごとに対応が必要になることも多く面倒ではありますが、クローラーは収集するコンテンツを提供してくれるWebサイトがあってこそ成立するものです。繰り返しになりますが、クロール先のWebサイトになるべく迷惑をかけることのないよう配慮を忘らないようにしましょう。

CHAPTER 7

JavaScriptと戯れる

7-1 AjaxやSPAの流行による苦悩
7-2 JavaScriptとの戦いを避ける
7-3 ブラウザを操作するツールを活用する
7-4 まとめ

最近のWebサイトは、静的なHTMLだけでなく、JavaScriptを駆使して動的にHTMLの描画を行うものも増えてきています。以前はWebページの一部を動的にロードするなど部分的にAjaxを用いる程度でしたが、最近では画面の描画や遷移の制御を完全にJavaScriptで行い、1ページでアプリケーションを構成するSPA（Single Page Application）という手法も広まってきています。こういったWebページは、単純にURLにアクセスして取得したHTMLを解析するだけでは必要なコンテンツを得ることができません。

この章では、このようなJavaScriptを活用したWebサイトをクロールする方法について考えていきます。

7-1 AjaxやSPAの流行による苦悩

Ajax による JavaScript の復権、そしてSPAの登場

2005年にAjaxを活用したGoogle Mapが登場して以降、それまでブラウザごとの互換性の問題から利用が避けられていたJavaScriptが、多くのWebアプリケーションで積極的に活用されるようになりました。

AjaxはAsynchronous JavaScript + XMLの略で、**XMLHttpRequest**を使用してサーバから非同期にXML[※1]でデータを取得し、表示する動的にHTMLを生成するプログラミング手法です（**図7.1**）。それまでのHTMLベースのWebアプリケーションでは難しかったインタラクティブなコンテンツの提供を可能にしました。

※1　現在では、XMLの代わりに取り回しのしやすいJSONが使われることが多くなっています。

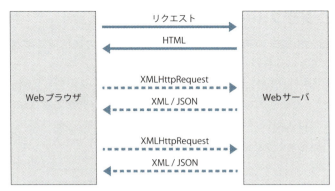

図7.1 Ajaxのイメージ

　実際、Google Mapでは、データを非同期で逐次読み込むことにより、地図をマウスでドラッグすることでスクロールしたり、ホイールで拡大縮小したりといった操作をスムーズに行うことができました。

　そして、JavaScriptが積極的に利用されるようになったことで周辺環境も整備され、Prototype.jsやjQueryといったライブラリが広く利用されるようになります。これらのライブラリは、Ajaxを簡単に使えるようにしたり、ブラウザ間の互換性を吸収する役目も果たしていました。

　その後、Node.jsの登場やブラウザに搭載されているJavaScriptエンジンの高速化などによってJavaScriptの活用はさらに進みます。現在では、AngularJSやReactなどのフレームワークによってWebアプリケーションのビューを完全にJavaScriptで実装し、Webサーバとはデータᡒᢁᡒᢁᢊᢁᢁᢋ通信のみを行うSPA（Single Page Application）というアーキテクチャが普及しつつあります。

　従来のHTMLベースのWebアプリケーションでも部分的にAjaxを使用していることも多く、もはやJavaScriptはWebアプリケーションを構築する上でなくてはならない存在になっています。

JavaScriptを使ったWebページの実例

　JavaScriptを使ったWebサイトにどのように対処するかの前に、まずは実際にWebページでどのようにJavaScriptが使われているのか見ていきましょう。

■ 確認ダイアログやフォームの入力補助

　最もシンプルなJavaScriptの利用法は、入力フォームなどの送信前に確認ダイアログを表示するというものです。

　たとえば、リスト7.1のHTMLの場合、送信ボタンをクリックすると"送信してよろしいですか？"というメッセージとともに確認ダイアログが表示され、「OK」をクリックすれば実際にフォームの内容が送信され、「キャンセル」をクリックすれば送信がキャンセルされます。

リスト7.1　送信前に確認する　　　　　　　　　　　　　　　HTML/JavaScript

```
<form method="/post" method="POST" onsubmit=➡
"return confirm('送信してよろしいですか？');">
  ...
  <input type="submit" value="送信">
</form>
```

　また、ある項目の選択内容に応じて別の項目の選択項目を変化させるなど、フォームの入力補助などにJavaScriptが用いられるケースもあります。いずれにしろ、このような使い方であればクロールの支障にはならないので、特に問題はありません。

■ 画面遷移をJavaScriptで行う

　通常のリンクであれば、`href`属性から遷移先のURLを取得できます。また、フォームであっても`form`要素の`action`属性から送信先のURLを取得できるので、クローラーはこれらのURLをたどってクロールすることができます。

　しかし、リンクやボタンクリック時の画面遷移をJavaScriptで行っている場合があります（リスト7.2）。

リスト7.2　リンクやボタンクリック時の画面遷移を行う　　　HTML/JavaScript

```
<input type="text" id="keyword"/>
<input type="button" value="検索" onclick="search()"/>
<script>
function search(){
  var keyword = document.getElementById('keyword').value;
  location.href = 'http://example.com/search/' + encodeURIComponent(➡
keyword);
```

```
}
</script>
```

　また、リスト7.3のようにform要素のaction属性を動的に書き換えている場合もあります。

リスト7.3　form要素のaction属性を動的に書き換える　　　　　　　　HTML/JavaScript

```html
<form method="POST" id="form">
  ...
  <input type="hidden" id="page" value="2"/>
  <input type="submit" value="前のページ" onclick="prevPage()">
  <input type="submit" value="次のページ" onclick="nextPage()">
</form>
<script>
/**
 * 「前のページ」をクリックしたときの処理
 */
function prevPage(){
  var form = document.getElementById('form');
  var page = parseInt(document.getElementById('page').value);
  form.action = '/articles/' + (page - 1);
}

/**
 * 「次のページ」をクリックしたときの処理
 */
function nextPage(){
  var form = document.getElementById('form');
  var page = parseInt(document.getElementById('page').value);
  form.action = '/articles/' + (page + 1);
}
</script>
```

　このような場合、クローラーはHTMLのスクレイピングだけでは次にたどるべきURLを抽出できません。一見するとJavaScriptやAjaxを活用しているように見えないWebサイトでも、このように部分的にJavaScriptを活用していることがよくあります。

■ HTMLを動的に生成する

少し厄介なのがHTMLを動的に生成している場合です。たとえば、JavaScriptでは、リスト7.4のようにして動的にHTMLを出力できます。

リスト7.4 HTMLを動的に出力する　　　　　　　　　　　　　　　HTML/JavaScript
```
<body>
  <script>
    document.open();
    document.write('<h1>JavaScriptで出力</h1>');
    document.close();
  </script>
</body>
```

また、リスト7.5のように特定の要素内のテキストやHTMLをJavaScriptで動的に書き換えることもできます。

リスト7.5 HTMLを動的に書き換える　　　　　　　　　　　　　　HTML/JavaScript
```
<body>
  <h1 title="title">HTMLで出力</h1>
  <div id="content">HTMLで出力</div>
  <script>
    // テキストを変更
    var h1 = document.getElementById('title');
    h1.innerText = 'JavaScriptで出力';
    // HTMLを変更
    var div = document.getElementById('content');
    h1.innerHTML = '<b>JavaScriptで出力</b>';
  </script>
</body>
```

この場合、最終的にどのようなHTMLが生成されるかはJavaScriptを実行してみないとわかりません。とはいえ、このような方法で動的にHTMLを生成するのはWebページの一部分に限られていることが多く、クロールの障害にはならない場合がほとんどです。これが大きな問題になるのは、次に説明するAjaxと組み合わされた場合です。

■Ajaxを使って非同期通信を行う

クローラーにとって最も大きな問題になるのが、Ajaxで取得したデータによってHTMLが動的に生成される場合です。Ajaxの使いどころも、以前は「Webページの表示を高速化するために、メインコンテンツ以外のパーツを非同期に取得する」ことが多かったのですが、最近ではSPAのように「メインのコンテンツのデータもAjaxで取得し、動的にHTMLを生成する」ケースも増えてきています。

Ajaxを使用したWebページが実際にどのようなものかを理解するために、簡単なサンプルコードを見てみましょう（リスト7.6）。

リスト7.6　検索結果部分のHTMLをJavaScriptで生成している場合　　HTML/JavaScript

```html
<form>
  キーワード：<input type="text" id="keyword"> <input type="button" ➡
id="button" value="検索"/>
</form>
<ul id="results">
  <!-- ここに検索結果が表示されます -->
</ul>
<script>
var button = document.getElementById('button');
var keyword = document.getElementById('keyword');

button.onclick = function(){
  // XMLHttpRequestオブジェクトを作成
  var xhr = new XMLHttpRequest();
  // GETリクエストの準備
  xhr.open('GET', '/search?keyword=' + encodeURIComponent( ➡
keyword.value), true);
  // XMLHttpRequestにイベントハンドラを登録
  xhr.onload = function(){
    if (xhr.status === 200){
      // レスポンスの内容をJSONとしてパース
      var res = JSON.parse(xhr.responseText);
      // JSONのデータをループしながらHTMLのDOMツリーに追加
      var results = document.getElementById('results');
      for(var i = 0; i < res.books.length; i++){
        var li = document.createElement('li');
        li.innerText = res.books[i].title;
        results.appendChild(li);
      }
```

```
    }
  };
  xhr.send(null);
};
</script>
```

　このコードでは、ボタンがクリックされたタイミングで**XMLHttpRequest**オブジェクトを使ってサーバにGETリクエストを送信し、返却されたJSONデータからHTMLを組み立てています。まさにクローラーがスクレイピング対象としたい検索結果部分のHTMLが丸ごとJavaScriptで生成されていることがわかります。

　XMLHttpRequestオブジェクトでは、GETリクエストだけでなくPOST、PUT、DELETEメソッドでの送信も可能です。POSTメソッドやPUTメソッドの場合、**send()** メソッドの引数として送信するデータを指定します（**リスト7.7**）。

リスト7.7　POSTメソッドやPUTメソッドの場合　　　　　　　　　　　　　　　JavaScript
```
xhr.open('POST', '/search', true);
...
xhr.setRequestHeader('Content-Type', 'application/x-www-form-urlencoded');
xhr.send('keyword=' + encodeURIComponent(keyword.value));
```

　なお、ここではAjaxを使用したWebアプリケーションがどのようなものかを理解するためにJavaScriptの標準機能のみを使用したコードを示しましたが、実際には**XMLHttpRequest**オブジェクトを直接使うのではなく、jQueryなどのライブラリ使用することがほとんどです。また、画面の動的な更新については、DOMツリーを直接操作するのではなく、AngularJSやReactなどのフレームワークを使用するケースが増えてきています。

クローラーから見たJavaScript

　クローラーから見ると、従来のWebアプリケーションでは、HTTPリクエストに対してWebサーバがコンテンツをHTMLとして返すため、このHTMLを解析してリンクを抽出すればWebページをたどってクロールするこ

とができます。

しかし、JavaScriptを活用したWebアプリケーションでは、HTMLの一部、もしくはすべてがJavaScriptによって動的に描画されます。さらに、Ajaxによる通信では、リクエストに対してXMLやJSONなどの形式でデータが返却され、そのデータを用いて描画するHTMLが生成されます[※2]。

つまり、HTTP通信で取得できるデータからだけでは、実際に表示されるHTMLはわからないということになります（図7.2）。

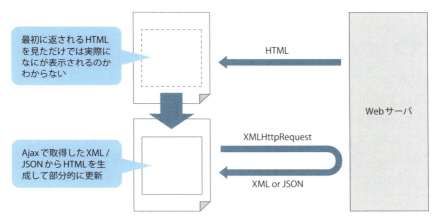

図7.2　HTMLを見ただけでは実際に表示される内容がわからない

Webアプリケーションのユーザーにはリッチなユーザーインターフェースを提供するJavaScriptですが、クローラーからするとHTMLを取得できないので、リンクを抽出することもスクレイピングすることもできないという、かなり厄介な存在なのです。このようなWebアプリケーションに対してどのように立ち向かっていけばよいのでしょうか？

※2　レガシーなAjaxアプリケーションでは、XMLやJSONではなくHTMLの断片を返すものもあるかもしれませんが、いずれにしてもコンテンツ全体をHTMLとして取得できるわけではありません。

7-2 JavaScriptとの戦いを避ける

　AjaxやSPAのWebサイトをクロールする際にまず考えるべきは、JavaScriptとの戦いを可能な限り避けることです。この章の後半で紹介するWebDriverなどを使用したクロールはデメリットも多いため、最終手段と考え、まずは通常の手法でクロールする方法を探すことをおすすめします。

JavaScriptの動作を再現する

　JavaScriptを使用しているWebサイトでも、その利用方法は様々です。Ajaxを活用していたり、Webサイト全体がSPAで構築されているものもあれば、画面遷移やフォームの送信処理をJavaScriptで行っているだけという場合もあります。画面遷移やフォームの送信処理をJavaScriptで行っているだけならば、クローラーでその動作を真似するのはさほど難しくはありません。

　たとえば、リスト7.8のようなWebページがあるとします。

リスト7.8　画面遷移をJavaScriptで行っているページ　　HTML/JavaScript

```html
<form>
  <input type="button" value="Next Page" onclick="goNextPage()"/>
  <input type="hidden" id="page" value="10"/>
</form>
<script>
function goNextPage(){
  // 現在のページ番号をhiddenフィールドから取得
  var page = parseInt(document.getElementById('page').value);
  // 現在のページ番号に+1したURLに遷移
  location.href = 'http://example.com/items/list/' + (page + 1);
}
</script>
```

　この場合、クローラーでもリスト7.9のようにJavaScriptで行っている処理を真似てアクセスするURLを組み立てることで、クロールすることができます。

リスト7.9 JavaScriptで行っている処理を真似てアクセスするURLを組み立てる
`Java`
```
Document doc = ...

// 現在のページ番号をhiddenフィールドから取得
int page = Integer.parseInt(doc.select("#id").val());

// 現在のページ番号に+1したURLを作成
String nextUrl = "http://example.com/items/list/" + (page + 1);

// 次のページにリクエストを送信
Document nextDoc = Jsoup.connect(nextUrl).get();
```

これは簡単な例ですが、ECサイトやニュースサイトなどの場合、URLに規則性がある場合が多く、その規則さえ見出すことができれば、比較的容易に対応が可能です。

クローラー向けの情報を探せ

Ajaxを活用していたり、全体がSPAで構築されているWebサイトでも、SEOに熱心な場合、クローラー向けのメタデータを提供しているケースがあります。

たとえば、ページングがAjaxで実装されていたり、無限スクロール[※3]で実装されている場合でも、リスト7.10のようにhead要素内にページング用のURLを示すlinkタグが配置されている場合があります。

リスト7.10 ページング用のURLを示すlinkタグ
`HTML`
```
<head>
  <link rel="prev" href="http://www.example.com/search.html?page=1">
  <link rel="next" href="http://www.example.com/search.html?page=3">
</head>
```

また、2015年以前のGoogleクローラーは、Ajaxで生成されたページのURLの#!以降のハッシュ部分を?_escaped_fragment_=というクエリパラメータに置き換えたURLでクローラー向けコンテンツを提供することを推奨

※3 画面下までスクロールすると続きのデータを読み込んで表示する処理のこと。

していました。現在のGoogleクローラーはAjaxで生成されたページもスクロールできるようになったため、この仕様は撤廃されていますが、当時制作されたWebサイトであれば、この方法でコンテンツを取得できるかもしれません。**#!**を使用したAjax用URLから**?_escaped_fragment_=**を使用したクローラー用URLへの変換例を**表7.1**に示します[※4]。

表7.1 Ajax用URLからクローラー用URLへの変換例

Ajax用URL	クローラー用URL
#!param	?_escaped_fragment_=param
#!key1=value1&key2=value2	?_escaped_fragment_=key1=value1%26key2=value2

モバイルサイトを狙え

大規模なWebサイトは、PC向けとは別にモバイル向けのサイトを用意していることがあります。意外と盲点なのが、PC向けサイトはJavaScriptを活用したリッチなWebサイトでも、モバイル向けサイトは通常の静的なWebサイトの場合があり、普通にクロールできるということです（**図7.3**）。

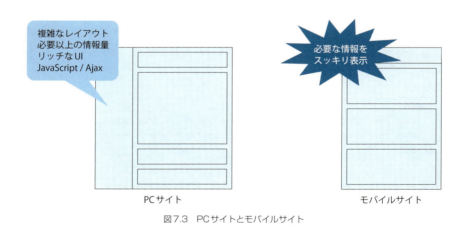

図7.3 PCサイトとモバイルサイト

[※4] 参考資料：AJAX Crawling (Deprecated)
https://developers.google.com/webmasters/ajax-crawling/docs/specification

また、モバイル向けサイトは通信量を減らすためや、閲覧するデバイスの画面サイズに限界があることから、表示する項目がコンパクトにまとめられていることが多く、スクレイピングもしやすい傾向があります。そのため、モバイル向けサイトは、JavaScriptを活用したWebサイトでなくても、クロール対象としてチェックする価値があります。

　ただし、もちろんPC向けのサイトとモバイル向けサイトで同じ情報が提供されているという保証はありません。モバイル向けサイトから必要な情報が取得できるかどうかは実際にWebサイトを確認して判断する必要があります。

■ Chromeでスマートフォン向けサイトを確認する

　Chromeのデベロッパーツールには、画面サイズやユーザーエージェントを選択したデバイスのものに切り替える機能があります（図7.4）。ユーザーエージェントをチェックしてスマートフォン向けサイトを出し分けているWebサイトを確認する場合に便利な機能です。

図7.4　Chromeのデバイス切り替え機能

> **memo** ▶ スマートフォン向けサイトのURLを取得する
>
> 　PC用とスマートフォン用のWebページが別々のURLで提供されている場合、PC用のWebページに対応するスマートフォン用ページのURLが`link rel="alternate"`タグで定義されていることがあります。
>
> ```HTML
> <link rel="alternate" media="only screen and (max-width: 640px)"
>  href="http://sp.example.com/page1" />
> ```
>
> 　このような場合、逆にスマートフォン用ページには対応するPC用ページのURLが`link rel="canonical"`タグで定義されています。
>
> ```HTML
> <link rel="canonical" href="http://www.example.com/page1">
> ```

■ スマートフォンのユーザーエージェント

　スマートフォン向けにWebサイトを提供している場合、その提供方法は次のようにいくつかのパターンに分けられます。

① PC向けサイトと別のURLでスマートフォン向けサイトを提供している
② ユーザーエージェントなどによって、PC向け、スマートフォン向けのコンテンツを出し分けている
③ PC向けサイトと同一のコンテンツを、CSSによってスマートフォン向けレイアウトで表示している

　このうち、モバイルサイトを狙うことでクロールが楽になる可能性があるのは①と②のパターンです。③の場合、HTML自体はPC向けサイトと同じものが返ってきており、CSSでデバイスや画面サイズに応じたレイアウトで表示しているだけです。したがって、クロールやスクレイピングの手間はPC向けサイトと変わりません（このようなレイアウト手法のことを「レスポンシブデザイン」といいます）。

　①の場合は、単にスマートフォン向けサイトのURLをクロールすればよいですが、Webサイトによってはユーザーエージェントをチェックして PCブラウザならPC向けサイトにリダイレクトすることもあります。また、②の場合

は、そもそもユーザーエージェントをスマートフォンのものにしておかないと、スマートフォン向けのコンテンツを取得できません。これらのケースでは、クローラーのHTTPリクエストの`User-Agent`ヘッダに、スマートフォンのユーザーエージェントを設定しておく必要があります。

参考までに、代表的なスマートフォン向けブラウザのユーザーエージェントを**表7.2**に示します。モバイル向けのWebサイトが提供されているにもかかわらずクローラーでアクセスできない場合は、ユーザーエージェントを見直すとよいでしょう。

表7.2 スマートフォン向けブラウザのユーザーエージェント

ブラウザ	ユーザーエージェント
iOS9（iPhone）	Mozilla/5.0 (iPhone; CPU iPhone OS 9_0 like Mac OS X) AppleWebKit/601.1.46 (KHTML, like Gecko) Version/9.0 Mobile/13A344 Safari/601.1
iOS9（iPad）	Mozilla/5.0 (iPad; CPU OS 9_0 like Mac OS X) AppleWebKit/601.1.46 (KHTML, like Gecko) Version/9.0 Mobile/13A344 Safari/601.1
Chrome（Android）	Mozilla/5.0 (Macintosh; Intel Mac OS X 10_10_3) AppleWebKit/537.36 (KHTML, like Gecko) Chrome/57.0.2987.98 Safari/537.36

> **memo** ▶ **Ajax用のエンドポイントから直接情報を取得する**
>
> AjaxではサーバからXMLやJSONによって画面の描画に必要なデータを取得しますが、Ajaxといえど実際の通信はHTTPそのものです。したがって、どのURLからどのような情報が取得できるかがわかれば、クロールすることなく、目的のデータをダイレクトに取得できる可能性があります（**図7.A**）。

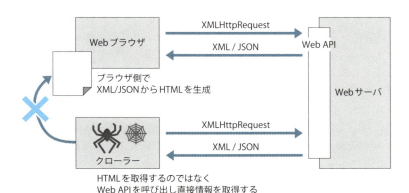

図7.A Web APIを直接呼び出す

APIから直接必要な情報を取得するため、もはやクローラーと呼ぶべきではないかもしれませんが、呼び出すべきエンドポイントと、取得できる情報がわかっていれば、非常にリーズナブルな方法です。
　使えそうなURLを調べるには、ChromeであればデベロッパーツールのNetwork」タブでHTTP通信の内容を確認するのが簡単です（図7.B）。

図7.B　デベロッパーツールでAjax通信の内容を確認する

　ただし、これらのURLにはなんらかの認証がかかっていたり、そもそも汎用的なAPIとしての利用を想定していなかったり、最悪の場合は不正アクセスとみなされる恐れもあります。また、仮にうまく利用できたとしても、外部アプリケーション向けに提供しているものではないので、対象サービスの機能追加やユーザーインターフェースの修正などに伴って仕様が変更されてしまう可能性も十分ありえます。
　このように、Ajax用のエンドポイントから直接情報を取得する方法はリスクも多いため、それを踏まえて選択する必要があります。
　なお、サービスによっては、外部連携用のWeb APIを明示的に提供している場合もあります。この場合は、提供者側でもスロットリング[※5]やAPI仕様の互換性などについて配慮されていることが期待できるので、積極的に活用するとよいでしょう。

※5　サーバの負荷が上がりすぎないよう、一定量以上のリクエストを拒否すること。

7-3 ブラウザを操作するツールを活用する

　ここまで、なるべくJavaScriptを避けてクロールする方法を紹介してきましたが、これらの手段でどうにもならない場合は実際のブラウザを操作するツールの出番です。これらのツールを使用すると、ブラウザの操作をプログラムから行うことができます。ボタンやリンクをクリックするといったイベントもプログラムから行うことができるため、人間がブラウザ上で操作しているのと同じ状態を再現できるのです。

　ただし、この手法には次のようなデメリットもあります。

- 実際にブラウザが動作するためマシンリソースが必要
- 操作タイミングを合わせるための面倒なプログラミングが必要
- 動作が不安定になりがち

　このようにデメリットも大きいですが、Ajaxを活用したWebアプリケーションや、SPAで構築されたWebサイトをクロールする場合の最終手段として大きな武器になります。

　ここでは、Javaで利用可能なブラウザ操作ツールとしてSelenium Web Driverを紹介します。

Selenium WebDriverを使ってみよう

　Seleniumは、本来はWebアプリケーションのテストツールです。

- Selenium
  http://www.seleniumhq.org/

　WebDriverという、実際のブラウザの操作を自動化するためのライブラリが統合されており、AjaxやJavaScriptを活用したWebアプリケーションの

テストを、実際にブラウザを起動しブラウザ上で行うことができます。

このWebDriverをクロールにも使ってしまおうというわけです。本物のブラウザが動作しているわけですから当然JavaScriptも動作しますし、JavaScriptが動的に生成したHTMLを取得することもできます。

> **memo ▶ WebDriverのライブラリ**
>
> WebDriverは、Java以外の言語向けのライブラリも提供しています。他のプログラミング言語から使用する場合は、以下のドキュメントを参照してください。
> `http://docs.seleniumhq.org/docs/03_webdriver.jsp`

■ WebDriverのセットアップ

WebDriverを使うには、まず`pom.xml`にリスト7.11の依存関係を追加します。

リスト7.11 `pom.xml`にWebDriverの依存関係を追加する   **XML**

```xml
<dependency>
  <groupId>org.seleniumhq.selenium</groupId>
  <artifactId>selenium-java</artifactId>
  <version>3.5.1</version>
</dependency>
```

WebDriverには、Firefox、Chrome、Internet Explorer、Edgeなど様々なブラウザに対応したドライバが用意されています。これらのドライバを使うと、実際にブラウザを起動し、それをJavaプログラムから操作できます。

ここでは、ヘッドレスブラウザであるPhantomJS用のドライバを使用することにします。

- PhantomJS
  `http://phantomjs.org/`

> **memo ▶ ヘッドレスブラウザ**
>
> 　ヘッドレスブラウザとは、ブラウザをヘッドレスモード（ブラウザ画面を表示しないモード）で起動してWebページを読み込むブラウザのことで、JavaScriptなども通常のブラウザ上で表示した場合と同じように動作します。画面が表示されずバックグラウンドで動作するため、プログラム操作による自動化に向いているというメリットがあります。PhantomJSはヘッドレスモード専用のブラウザですが、Chromeなど通常のブラウザでもヘッドレスモードを備えているものもあります。
>
> 　なお、これまでヘッドレスブラウザとしてはPhantomJSが使われることが多かったのですが、Chromeにヘッドレスモードが実装されたことを受け、2017年4月にPhantomJSのメンテナーであるVitaly Slobodin氏から「PhantomJSのメンテナンスを終了する」というアナウンスが出されました。同氏は「ChromeはPhantomJSよりも高速かつ安定しており、PhantomJSのユーザーはそちらに切り替えるだろう」と述べています。今後はWebDriverのようなツールでも、PhantomJSではなくヘッドレスChromeの利用が主流になっていくものと思われます。

　PhantomJSのダウンロードページから、

http://phantomjs.org/download.html

使用しているPCのOSに応じたバイナリをダウンロードし、適当な場所に展開します。展開したディレクトリの中から、Windowsであれば`bin/phantomjs.exe`、Macであれば`bin/phantomjs`をプロジェクトのルートディレクトリにコピーします[※6]。

　FirefoxやChromeなど他のブラウザ用のドライバを使う場合も、ドライバに対応するバイナリを別途ダウンロードし、同様に配置する必要があります。これらのドライバを使った場合は、実際にブラウザの画面が表示され、WebDriverで操作している様子を確認することもできます。Internet ExplorerにしかWeb対応していないサイトの場合はInternet Explorer用のドライバを使用してクロールすることもできますが、Internet Explorer用のドライバはWindows上でしか動作しません。

※6　もしくは、環境変数`PATH`が通っているディレクトリにコピーするか、システムプロパティ`-Dphantomjs.binary.path`でファイルを指定します。

■ WebDriverでクロールしてみる

リスト7.12にWebDriverを使用したプログラムの例を示します。

リスト7.12　WebDriverでクロールする　　　　　　　　　　　　　　　　Java

```java
package jp.co.bizreach.crawler;

import org.openqa.selenium.By;
import org.openqa.selenium.WebDriver;
import org.openqa.selenium.WebElement;
import org.openqa.selenium.phantomjs.PhantomJSDriver;
import org.openqa.selenium.support.ui.WebDriverWait;
import java.util.List;

public class WebDriverSample {

  public static void main(String[] args) {
    WebDriver driver = new PhantomJSDriver();
    // Googleのトップページにアクセス
    driver.get("http://www.google.com");
    // qというテキストフィールドに"WebDriver"という文字列を入力して送信
    WebElement element = driver.findElement(By.name("q"));
    element.sendKeys("WebDriver");
    element.submit();
    // タイトルが"WebDriver"で始まる文字列になるまで待機
    (new WebDriverWait(driver, 10)).until(d -> d.getTitle(➡
).startsWith("WebDriver"));
    // 検索結果からリンクを抽出してタイトルとURLを表示
    List<WebElement> elements = driver.findElements(By.cssSelector(➡
"h3.r>a"));
    for(WebElement e: elements){
      System.out.println(e.getText());
      System.out.println(e.getAttribute("href"));
    }
    // 終了
    driver.quit();
  }

}
```

このプログラムを実行すると、Googleのトップページにアクセスし、"WebDriver"というキーワードで検索し、検索結果の1ページ目からタイトルと

URLを抽出してコンソールに出力します。実際のWebブラウザ上で人間が行う操作をプログラムで自動化できていることがわかります。

要素の選択

WebDriverでは、`findElement()`メソッドで、現在表示されているWebページのDOMツリーから要素を取得できます（**リスト7.13**）。このとき、引数には、取得する要素を選択するための`By`オブジェクトを渡します。

リスト7.13　WebDriverでWebページの要素を取得する
```java
WebElement element = driver.findElement(By.name("q"));
```

この例では`name`属性の値が一致する要素を取得していますが、`By`には他にも**表7.3**のメソッドが用意されています。

表7.3　Byのメソッド（WebDriver）

メソッド	説明
id()	id属性が指定した値の要素
linkText()	テキストが指定した文字列に完全一致するa要素
partialLinkText()	テキストが指定した文字列を含むa要素
name()	name属性が指定した値の要素
tagName()	指定したタグ名の要素
xpath()	指定したXPathに一致する要素
className()	class属性のクラス名のいずれかが指定した値に一致する要素
cssSelector()	指定したCSSセレクタに一致する要素

これらのメソッドは、操作する要素を取得するためだけではなく、要素からデータを取得するスクレイピングにも使用できます。`By.cssSelector()`ではCSSセレクタも使えるので、Jsoupでスクレイピングする場合と同じような感覚でプログラムを記述できるでしょう。

ダイアログの操作

WebDriverでブラウザを操作していると、フォームの送信時などJava

Scriptで確認ダイアログなどが表示されてしまい、処理が止まってしまうことがあります。このような場合は、`Alert`オブジェクトを使用してダイアログを操作できます。

　JavaScriptでダイアログを表示する関数には次の3種類がありますが、どの関数で表示されるダイアログでもWebDriverで操作する際には`Alert`オブジェクトを使用します。

- `alert()`
  ユーザーに警告を伝えるためのダイアログを表示する。OKボタンのみ表示される
- `confirm()`
  ユーザーに確認を求めるためのダイアログを表示する。OKボタンとキャンセルボタンが表示される
- `prompt()`
  ユーザーに入力を求めるためのダイアログを表示する。入力フィールドとOK、キャンセルボタンが表示される

　WebDriverでダイアログを操作する例を**リスト7.14**に示します。

リスト7.14　WebDriverでダイアログを操作する

```java
// 警告ダイアログの場合
Alert alertDialog = driver.switchTo().alert();
// 警告ダイアログのOKボタンをクリック
alertDialog();

// 確認ダイアログの場合
Alert confirmDialog = driver.switchTo().alert();
// 確認ダイアログのOKボタンをクリック
confirmDialog.accept();
// 確認ダイアログのキャンセルボタンをクリック
confirmDialog.dismiss();

// 入力ダイアログの場合
Alert inputDialog = driver.switchTo().alert();
// 入力ダイアログに文字を入力してOKボタンをクリック
inputDialog.sendKeys("こんにちは！");
inputDialog.accept();
```

なお、クローラーで使用する機会はあまりないかもしれませんが、`Alert`オブジェクトから、ダイアログに表示されているテキストを取得することもできます（リスト7.15）。

リスト7.15　ダイアログに表示されているテキストを取得する
```java
String text = alert.getText();
```

■ 非同期に更新される画面の表示を待つ

Ajaxを活用したアプリケーションやSPAでは、画面の更新が非同期に行われるため、更新が反映されるのを待つ必要がある場合があります（図7.5）。

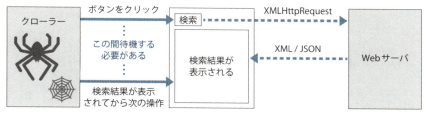

図7.5　Ajaxの更新が反映されるのを待つ

このような場合の対策としてすぐに思いつくのは「ボタンクリック後、一定時間ウェイトを入れる」というものです。たとえば、リスト7.16のようにすることで簡単に、指定した時間だけウェイトを入れることができます。

リスト7.16　WebDriverで、ボタンクリック後、一定時間ウェイトを入れる
```java
// 検索ボタンをクリック
WebElement element = driver.findElement(By.id("search"));
element.click();

// 5秒待つ
Thread.sleep(5000);

// 結果を取得
WebElement results = driver.findElement(By.id("results"));
```

しかし、サーバからのレスポンスが常に一定時間で返ってくるとは限りません。レスポンスに予想以上に時間がかかった場合、このプログラムは失敗してしまいます。ウェイトを長くすることで回避できますが、無駄なウェイトが増えれば増えるほどプログラムの実行時間は延びてしまいます。

このような問題に対処するために、WebDriverには2通りのウェイトの仕組みがあります。

要素が見つかるまで自動的にウェイトする

`implicitlyWait()`で、自動的にウェイトする時間を設定できます。これを設定しておくと、要素を検索して見つからなかった場合に即座に例外をスローするのではなく、要素が見つかるまで指定時間内は自動的にウェイトするようになります（リスト7.17）。

リスト7.17　WebDriverで暗黙的にウェイトする　　　　　　　　　　　　　　　　Java

```java
// 自動的にウェイトする時間を10秒に設定
driver.manage().timeouts().implicitlyWait(10, TimeUnit.SECONDS);

// 検索ボタンをクリック
WebElement element = driver.findElement(By.id("search"));
element.click();

// 明示的にウェイトを入れなくても結果を取得できる
WebElement results = driver.findElement(By.id("results"));
```

ただし、この方法は「要素の取得」にしか使用できません。ボタン押下時の画面遷移など「要素が出現するまでウェイトする」という場合であれば、いちいちウェイトを指定しなくてもいいので非常に便利ですが、それ以外の条件でウェイトしたい場合は、次に説明する`WebDriverWait`を使用する必要があります。

指定した条件を満たすまでウェイトする

`WebDriverWait`というクラスを使うと、「指定した条件を満たすまでウェイトする」ことができます。実際にコードを見てみましょう（リスト7.18）。

リスト7.18　WebDriverで、指定した条件を満たすまでウェイトする

```Java
// 最大10秒まで待機する
WebDriverWait wait = new WebDriverWait(driver, 10);

// 検索ボタンをクリック
WebElement element = driver.findElement(By.id("search"));
element.click();

// id属性が"results"の要素が表示されるまで待つ
ExpectedCondition<WebElement> condition = ExpectedConditions.➡
presenceOfElementLocated(By.id("results"));
wait.until(condition);
```

　このコードは検索ボタンをクリックした後、id属性が"results"の要素[※7]が表示されるまでウェイトします。これによってAjaxによる非同期処理による画面表示の更新を、無駄なウェイトを入れることなく確実にキャッチすることができます。
　なお、ExpectedConditionsには、他にも表7.4のようなメソッドがあり、様々な条件でウェイトすることができます。
　ExpectedConditions.not()を使うと、条件を反転させることができます（リスト7.19）。

リスト7.19　ExpectedConditions.not()で条件を反転させる

```Java
// class属性がwaitingではなくなるまでウェイト
ExpectedCondition<Boolean> condition = ExpectedConditions.not(
  ExpectedConditions.attributeToBe(By.id("result"), "class", "waiting")
);
wait.until(condition);
```

　また、複数の条件を組み合わせることもできます。ExpectedConditions.and()は、引数で渡した条件がすべて成立する場合に真となる条件を生成します（リスト7.20）。

※7　サーバからレスポンスが返ってきて表示される検索結果の要素だと考えてください。

リスト7.20　ExpectedConditions.and()でAND条件を生成する　　　　　　　　Java

```java
// 属性値がsuccessかつ、テキストがSuccessになるまでウェイト
ExpectedCondition<Boolean> condition = ExpectedConditions.and(
  ExpectedConditions.attributeToBe(By.id("result"), "class", "success"),
  ExpectedConditions.textToBe(By.id("result"), "Success")
);
wait.until(condition);
```

　`ExpectedConditions.or()`は、引数で渡した条件のいずれかが成立する場合に真となる条件を生成します（リスト7.21）。

リスト7.21　ExpectedConditions.or()でOR条件を生成する　　　　　　　　Java

```java
// 属性値がsuccessもしくはinfoのいずれかになるまでウェイト
ExpectedCondition<Boolean> condition = ExpectedConditions.or(
  ExpectedConditions.attributeToBe(By.id("result"), "class", "success"),
  ExpectedConditions.attributeToBe(By.id("result"), "class", "info")
);
wait.until(condition);
```

　これらの条件を上手に活用するのが、WebDriverを使いこなすためのコツの1つです。

表7.4　ExpectedConditionsのメソッド（WebDriver）

メソッド	説明
`titleIs()`	タイトルが指定した文字列か
`titleContains()`	タイトルに指定した文字列が含まれているか
`urlToBe()`	URLが指定した文字列か
`urlContains()`	URLに指定した文字列が含まれているか
`urlMatches()`	URLが指定した正規表現にマッチするか
`presenceOfElementLocated()`	指定した条件に一致する要素がDOMツリーに追加されているか
`presenceOfAllElementsLocatedBy()`	指定した条件に一致する要素のうち1つでもDOMツリーに追加されているか
`visibilityOfElementLocated()`	指定した条件に一致する要素が表示されているか
`visibilityOfAllElementsLocatedBy()`	指定した条件に一致するすべての要素が表示されているか
`visibilityOfAllElements()`	指定したすべての要素が表示されているか

メソッド	説明
visibilityOf()	指定した要素が表示されているか
textToBePresentInElementLocated()	指定した条件に一致する要素のテキストに指定した文字列が含まれているか
textToBePresentInElementValue()	指定した条件に一致する要素のvalue属性に指定した文字列が含まれているか
invisibilityOfElementLocated()	指定した条件に一致する要素がDOMツリーから削除されている、もしくは非表示か
invisibilityOfElementWithText()	指定した条件、テキストの要素がDOMツリーから削除されている、もしくは非表示か
invisibilityOfAllElements()	指定したすべての要素が非表示か
invisibilityOf()	指定した要素が非表示か
elementToBeClickable()	指定した要素、もしくは条件に一致する要素が表示されている、かつenableか
elementToBeSelected()	指定した要素、もしくは条件に一致する要素が選択可能か
elementSelectionStateToBe()	指定した要素、もしくは条件に一致する要素が選択可能、または不可能（引数で指定）か
stalenessOf()	指定した要素がDOMツリーから削除されているか
alertIsPresent()	ダイアログが表示されているか
numberOfWindowsToBe()	ウィンドウが指定した数か
frameToBeAvailableAndSwitchToIt()	指定したフレームがアクティブか
attributeToBe()	指定した要素、もしくは条件に一致する要素の属性値が指定した値か
attributeContains()	指定した要素、もしくは条件に一致する要素の属性値が指定した文字列を含むか
attributeToBeNotEmpty()	属性の値が空でないか
textToBe()	指定した条件に一致する要素のテキストが指定した文字列か
textMatches()	指定した条件に一致する要素のテキストが指定した正規表現にマッチするか
numberOfElementsToBeMoreThan()	指定した条件に一致する要素の数が指定した数より多いか
numberOfElementsToBeLessThan()	指定した条件に一致する要素の数が指定した数より少ないか
numberOfElementsToBe()	指定した条件に一致する要素の数が指定した数か
visibilityOfNestedElementsLocatedBy()	指定した要素、もしくは条件に一致する要素が指定した要素に含まれている、かつ表示されているか

次ページへ続く

メソッド	説明
presenceOfNestedElementLocatedBy()	指定した要素、もしくは条件に一致する要素が指定した要素に含まれているか
presenceOfNestedElementsLocatedBy()	指定した条件に一致するすべての要素が指定した要素に含まれているか
javaScriptThrowsNoExceptions()	指定したJavaScriptが例外をスローしないか
jsReturnsValue()	指定したJavaScriptが値（null以外）を返すか

> **memo** ▶ Webサイト調査の強い味方、RESTクライアントツールを使いこなす
>
> 　クローリングにおいて大切なことは、どのようなHTTPリクエストに対しどのようなレスポンスを返すのか、クロール対象となるWebサイトの挙動を正しく把握することです。
>
> 　挙動を把握するために、様々なURLパラメータやリクエストボディを試したいケースがあります。curlコマンドでHTTPリクエストを送信してもよいですが、様々なリクエストのパターンを試すとなるとなかなか面倒です。
>
> 　具体的な例を挙げてみましょう。リスト7.Aは、架空のショッピングサイトに対し、特定のリクエストヘッダやボディを含んだPOSTリクエストをcurlコマンドで送信し、HTTPレスポンスのヘッダ、ボディを確認する例です。
>
> リスト7.A　特定のリクエストヘッダやボディを含んだPOSTリクエストをcurlコマンドで送信し、HTTPレスポンスのヘッダ、ボディを確認する
>
> ```
> curl https://pc-shop.com/search -i -XPOST -H "If-Modified-Since: ➡
> Sat, 19 Aug 2017 00:00:00 GMT" -b "session=12345" -d ➡
> "type=laptop&min_price=100000&max_price=150000&display_size=14&➡
> condition=new&..."
> ```
>
> 　このような検索を行うリクエストの場合、パラメータの種類が多くなりがちです。またクッキーの有無などによって結果が異なるWebサイトも多くあります。ターミナル上でパラメータを少しずつ書き換えながら調査するのは非効率です。そのような際には、GUIのRESTクライアントツールの利用をおすすめします。GETやPOSTはもちろん、PUT、DELETEなどの各種メソッドでのリクエストや、様々なヘッダ、ボディを含んだリクエストを簡単に送信し、結果を確認できます。
>
> 　筆者らが利用しているのは「Restret Client」というRESTクライアントツールです。

- Restlet Client – REST API Testing

  https://chrome.google.com/webstore/detail/restlet-client-rest-api-t/aejoelaoggembcahagimdiliamlcdmfm

Restret ClientはGoogle Chromeの拡張機能として提供されているRESTクライアントツールで、ChromeからGUIで簡単にHTTPリクエストが送信できる気軽さや豊富な機能、モダンなUIが特徴です（**図7.A**）。

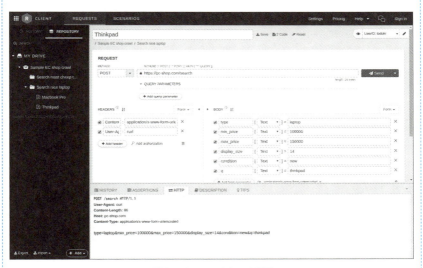

図7.A　Restlet Clientの画面

使い方は簡単で、リクエストメソッドやURL、各種パラメータを入力し、[Send]ボタンをクリックするだけです。リクエストボディにはx-www-form-urlencoded形式のフォームデータ以外にも、JSONやXML、プレーンテキストといったテキストデータ、multipart/form-data形式でのバイナリデータなどを含めることももちろん可能です。

入力したパラメータはチェックボックスのチェックを外すことで一時的に無効にできたり、RFCで規定されているHTTPヘッダなどが入力時に補完されるなどの地味に嬉しい機能もあります。実行したリクエストは左側メニューのHISTORY内に履歴として残ります。また、リクエストを画面上部の「Save」から名前を付けて保存することも可能です。

リクエストが返されると、ステータスコードやレスポンスヘッダ、ボディが画面下部に表示されます。このレスポンスは、リクエストと同様、HISTORYに履歴として残るので、あとからリクエストとセットで確認することも可能です。
　レスポンスのHTMLは、プレビューして内容を確認できます（図7.B）。また、ハイライトされたソースコードや、16進数ダンプされたテキスト、一切の加工を施さない生のデータとして表示することも可能です。

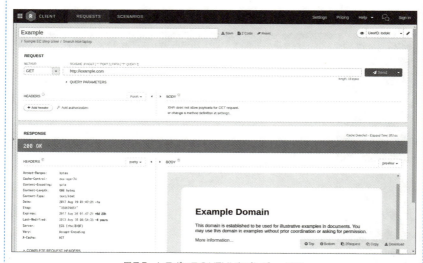

図7.B　レスポンスのHTMLをプレビューする

　上記以外にも、次のような機能が備わっています。使いこなせば、Webサイト調査の強い味方になるでしょう。

- 設定したリクエストを**curl**での形式などに変換する機能
- リクエストを組み合わせ、シナリオとして定義する機能
- 設定した変数の埋め込み
- 設定した変数のセットを「environment」として切り替える機能
- 乱数やタイムスタンプの生成と埋め込み
- リクエストのインポート・エクスポート

7-4 まとめ

　この章では、JavaScriptやAjaxを活用したWebサイトをクロールする方法について紹介してきました。

　技術的な観点からいえば、WebDriverのようなライブラリを使用することで、それらのWebサイトをクロールすることが可能です。しかし、本文でも触れたように、マシンリソースが必要だったり、Webサイトごとに複雑なプログラミングが必要になったり、動作が不安定になりがちだったりと、特に大規模なクロールでは使いにくい面もあります。

　モバイルサイトをクロールしたり、提供されているAPIを使うなど、可能な限り通常のクローラーで処理できる方法を探し、どうしても難しい場合の最終手段としてWebDriverなどの利用を検討するとよいでしょう。

索引

● 記号・数字

̄（オーバーライン） …………………………… 106
\（バックスラッシュ） ………………………… 106
_application_session ……………………………… 65
_methodパラメータ ……………………………… 31
〜（チルダ） ……………………………… 102, 106
〜（波ダッシュ） ……………………………… 102
¥（円記号） ……………………………………… 106
…（三点リーダ） ……………………………… 102
0xed ……………………………………………… 124
16進ダンプ
　　　hexdumpでバイト列を確認 …………… 122
　　　バイナリエディタでファイルをダンプ …… 124
200 OK ……………………………………… 43, 266
2段階認証 ……………………………………… 215
2バイト文字 ……………………………………… 89
301 Move Permanently …………………… 51, 52
302 Found …………………………………… 51, 52
303 See Other ……………………………… 51, 52
304 Not Modified ………………………… 51, 266
307 Temporary Redirect ………………… 51, 52
308 Permanent Redirect ………………… 51, 52
400 Bad Request ………………………………… 46
401 Unauthrorized ……………………………… 46
403 Forbidden …………………………………… 47
404 Not Found ……………………………… 47, 271
405 Method Not Allowed ………………… 47, 48
406 Not Acceptable …………………………… 48
408 Request Timeout ………………………… 48
410 Gone ……………………………………… 271
500 Internal Server Error ……………… 43, 48
501 Not Implemented …………………… 48, 49
502 Bad Gateway ……………………………… 49
503 Service Unavailable ……………………… 49
504 Gateway Timeout ………………………… 50

● A

Accept-Charsetヘッダ ……………………… 48, 56

Accept-Encodingヘッダ ……………………… 56
Accept-Languageヘッダ ……………… 48, 56, 66
Accept-Rangesヘッダ ………………………… 57
Acceptヘッダ ………………………………… 48, 56
AES ……………………………………………… 76
Ageヘッダ ……………………………………… 57
Ajax …………………………………………… 282
　　　Ajax用のエンドポイントから直接情報を取得
　　　………………………………………… 295
　　　Ajaxを使った非同期通信 ……………… 287
Allowヘッダ …………………………………… 57
alt属性からデータを取得 …………………… 156
anemone ………………………………………… 12
Apache Nutch …………………………………… 12
Apache Tika …………………………………… 12
　　　ファイルからテキストを抽出 …………… 144
ASCII …………………………………………… 86, 89
Atom ………………………………………… 261
authenticity_token ……………………… 203, 204
Authorizationヘッダ …………………………… 56
　　　IDとパスワードを送信 ………………… 196
aタグ ………………………………………… 136

● B

Basic認証 ……………………………………… 196
　　　Basic認証のWebページにリクエスト …… 197
BOM ……………………………………………… 93

● C

Cache-Controlヘッダ …………………………… 56
　　　キャッシュの有効期限 ………………… 265
　　　ディレクティブ ……………………… 265
canonical ……………………………………… 54
CAPTCHA …………………………………… 216
CDN ……………………………………………… 80
Charset ……………………………… 97, 108, 111
Charset.forName()
　　　Windows-31JのCharsetを取得 ……… 111

文字コード名からCharset取得時の問題 …………………………………………………… 108
Charset.isSupported() ……………………… 109
charset属性 …………………………………… 93
CJK統合漢字 ………………………………… 119
Connection.execute() ……………………… 98
Connectionヘッダ …………………………… 56
CONNECTメソッド ………………………… 30
contains()擬似クラス ……………………… 147
containsOwn()擬似クラス ………………… 150
Content-Encodingヘッダ …………… 57, 268
Content-Languageヘッダ ………………… 57
Content-Lengthヘッダ …………………… 57
　フォームベース認証 ……………………… 209
Content-Locationヘッダ ………………… 57
Content-MD5ヘッダ ……………………… 57
Content-Rangeヘッダ ……………………… 57
Content-Typeヘッダ ……………………… 57
　文字コード …………………………… 91, 92, 93
　文字コードの判定 …………………………… 98
Cookie　　　　　　　　　　　→ クッキー
Cookieヘッダ ………………………………… 56
CP51932 ……………………………………… 111
cp932 …………………………………………… 94
CP932 ………………………………………… 111
CR（Carriage Return）……………………… 27
crawler4j ………………………………… 12, 15
　crawler4jで作ったシンプルなクローラー
　　……………………………………………… 15
　独自のユーザーエージェントを設定 ……… 62
crawler-commons ………………………… 242
　robots.txtの解析 ………………………… 242
　サイトマップの解析 ……………………… 257
CRLF …………………………………………… 27
CRUD …………………………………… 30, 31
CSRF ………………………………………… 203
CSS …………………………………………… 140
CSSセレクタ ……………………………… 140
　Jsoupでのみ使用可能なセレクタ ……… 141
　Jsoupで利用可能なセレクタ …………… 142
　擬似クラス …………………………… 141, 142
　基本的なセレクタ ………………………… 140
　結合子 ……………………………………… 141
　属性セレクタ ……………………………… 141
　部分マッチ属性セレクタ（CSS3）……… 152
curl …………………………………………… 20
curlコマンド ………………………………… 20
　--compressedオプションを付けてリクエスト
　　…………………………………………… 267
　HTTPヘッダの表示 ……………………… 21
　クライアントから圧縮転送OKの合図を付け
　　てリクエスト …………………………… 267
　送受信されているリクエスト、レスポンスの
　　確認 ……………………………………… 28
　プロキシを使用 …………………………… 71
　文字化けが起こるWebサイトを調査 …… 123
　ユーザーエージェント …………………… 60
　リクエストの送信 ………………………… 21
　リクエストヘッダの指定 ………………… 22
　リクエストボディで送信する内容の指定 … 23

● D
Dateヘッダ …………………………………… 56
DELETEメソッド …………………… 30, 31
　擬似的に表現する技術 …………………… 31
Digest認証 ………………………………… 196

● E
ETagヘッダ …………………………… 57, 266
EUC ………………………………………… 106
EUC-CN …………………………………… 107
EUC-JP …………………………………… 106
　x-eucJP-Openに読み替え ……………… 112
eucjpms ……………………………………… 94
EUC-KR …………………………………… 107
EUC-TW …………………………………… 107
Expiresヘッダ ……………………………… 57
　キャッシュの有効期限 ………………… 265

● F
FIDO ………………………………………… 216
followRedirects(false) …………………… 53
Fromヘッダ ………………………………… 56

● G
GETメソッド ………………………… 30, 31
　更新処理 …………………………………… 35
GETリクエストの送信 …………………… 21

313

GlyphWiki ·· 119
gocrawl ·· 12
Google Chrome
 エンコーディングの切り替え ······················ 121
 言語設定 ·· 67
 プロキシ設定 ·· 68
Google Chromeデベロッパーツール ················ 23
 SSL証明書の確認 ·· 74
 起動ショートカット ·· 24
 スマートフォン向けサイトの確認 ············ 293
 ブラウザの通信内容の確認 ········ 29, 201, 296
Googleカスタム検索 ······························· 164, 165
Googleクローラーのユーザーエージェント ····· 60

● H

HEADメソッド ······························· 30, 33, 273
hexdumpコマンド ··································· 122
Hostヘッダ ··· 56
HTML
 XMLに変換 ·· 139
 データの取得 ·· 136
 バリエーションサービスで誤りを調べる ··· 155
HTML以外のデータの取得 ···················· 144
HTTP ·· 26
 サーバエラー時の一般的な対処法 ············· 46
 サーバに接続できない ····································· 45
 通信内容 ·· 28
HTTP/2 ··· 79
http-equiv属性 ··· 92
HttpStatusException ···························· 272
HttpURLConnection ······························· 70
HTTP通信 ······································· 28, 69, 99
HTTP認証 ··································· 195, 196
HTTPパイプライン ··································· 79
HTTPヘッダ ·· 56
 拡張HTTPヘッダ ·· 58
 表示 ·· 21
HTTPメソッド ·· 30
 Webサイトで一部のメソッドがサポートされ
 ていない場合 ·· 33
 メソッドの使い方が適切でない場合 ········· 34
HTTPリクエスト ·· 27
 種類 ·· 30
HTTPレスポンス ·· 27

● I

ICU4J ·· 130
 Java以外の言語での実装 ·························· 131
If-Matchヘッダ ··· 56
If-Modified-Sinceヘッダ ······················ 56
If-None-Matchヘッダ ·························· 56
If-Rangeヘッダ ··· 56
If-Unmodified-Sinceヘッダ ··············· 57
ignoreHttpErrors(true) ················· 42, 272
IllegalCharsetNameException ······ 109
import.io ·· 18
InputStreamReader ······························· 96
ISO-2022-JP ··· 107

● J

Java
 AESのキー長の問題 ······································ 76
 HTTP/2の取り扱い ·· 80
 クローラー開発用ライブラリやフレームワーク
 ··· 12
 シンプルなクローラーの実装 ······················ 12
 文字コードを表すクラス ······························· 97
java.io.FileReader ···································· 96
java.io.FileWriter ······································ 96
java.lang.OutOfMemoryError ········ 258
java.nio.charset.Charset ··············· 97, 108
java.nio.charset.IllegalCharsetNameException
 ··· 109
java.nio.charset.StandardCharsets ········ 97
java.nio.charset.UnsupportedCharsetException
 ··· 109
java.text.Normalizer ···························· 102
java.util.regex.Pattern ························ 136
java.util.zip.GZIPInputStream ········ 256
JavaScript ·· 282
 クローラーから見たJavaScript ············· 288
 JavaScriptの動作を再現 ··························· 290
 JavaScriptを使ったWebページ ············· 283
javax.xml.parsers.DocumentBuilder ········ 258
jsessionid ··· 212
JSESSIONID ··································· 65, 210
JSON ·· 19
JSON-LD ··· 181
Jsoup ··· 12, 13

～=を使用する際の注意点 ························ 152
　　Jsoupが判定した文字コードを取得 ········· 98
　　Jsoupでのみ使用可能なCSSセレクタ ····· 141
　　Jsoupで作ったシンプルなクローラー ······· 13
　　Jsoupで利用可能なCSSセレクタ ············ 142
　　User-Agentヘッダ ································· 61
　　独自のユーザーエージェントを設定 ··········· 62
Jsoup.clean() ·· 104
juniversalchardet ·· 127
　　Java以外の言語での実装 ······················· 131
　　文字コード判定用バイト列の長さと判定精度
　　　··· 131

● K
keytoolコマンド ·· 75

● L
lang属性 ··· 119, 120
Last-Modifiedヘッダ ······························ 33, 57, 266
LF（Line Feed）··· 27
linkタグ ··· 247, 291, 294
Locationヘッダ ································ 45, 50, 53, 57

● M
matches()擬似クラス ·· 148
matchesOwn()擬似クラス ································· 150
metaタグ ·· 34
　　OGP ······································· 166, 167
　　Webページのメタデータ定義例 ············· 164
　　文字コード ···························· 91, 92, 93
　　文字コードの判定 ···························· 98
　　リダイレクト ······································ 54
Microdata ·· 174, 178
　　itemprop属性 ······························· 177
　　itemref属性 ·································· 177
　　itemscope属性 ···························· 174
　　itemtype属性 ······························· 174
Microdata DOM API ······································· 178
Microformats ·· 173
MS_Kanji ··· 106
MySQL ··· 94
　　ハマりがちな落とし穴 ················· 112, 114
　　文字コード ··································· 94
　　文字コードの指定ができる単位 ············· 94

● N
new String() ··· 96
node-crawler ·· 12
nofollow属性 ·· 36
　　robots metaタグ ··························· 245
nokogiri ·· 12
Normalizer.Form.NFKC ··································· 102
nth-child()セレクタ ··· 145

● O
OAuth ·· 220
　　Authorization Codeのフロー ············· 223
　　pac4jでGitHubのOAuthを利用 ··········· 229
　　アクセストークン ····························· 227
　　処理フロー ·· 222
　　認証と認可 ·· 228
　　リフレッシュトークン ······················· 227
OGP ··· 166
　　基本的なメタデータ ··························· 167
　　構造化プロパティ ····························· 168
　　任意のメタデータ ····························· 168
　　複数設定 ·· 169
OpenID Connect ··· 233
OPTIONSメソッド ·· 30
org.jsoup.HttpStatusException ······················· 272
OutOfMemoryError ··· 258

● P
pac4j ··· 229
PageMap ·· 164
PATCHメソッド ·· 30
PhantomJS ··· 298, 299
pom.xml
　　crawler4j ·· 15
　　Jsoup ··· 13
POSTメソッド ·· 30, 31
　　POSTメソッドによる画面遷移 ············· 34
　　リクエストボディで送信する内容の指定 ···· 23
POSTリクエストの送信 ····································· 35
Pragmaヘッダ ·· 56
proxy() ··· 70
Proxy-Authenticateヘッダ ································ 57
Proxy-Authorizationヘッダ ······························· 57
PubSubHubbub ·· 262

315

PUTメソッド	30, 31
擬似的に表現する技術	31
リクエストボディで送信する内容の指定	23

● R

Rangeヘッダ	57
RDFa/RDFa Lite	179
prefix属性	180
property属性	179
resource属性	180
typeof属性	179
vocab属性	179
Refererヘッダ	57
Response.parse()	98, 99
Restret Client	308
RESTアーキテクチャ	31, 32
RESTクライアントツール	308
Retry-Afterヘッダ	57
robots metaタグ	243, 244
nofollow属性	245
robots.txt	8, 237
DisallowやAllowの優先順位	241
Sitemap	252, 254
アクセス制限（DisallowとAllow）	239
解析	242
記述項目	238
対象となるクローラー	238
RPC	32
RSS	259

● S

schema.org	175
scraper	19
Scrapy	12
Selenium WebDriver	→ WebDriver
Serverヘッダ	57
Set-Cookieヘッダ	57
フォームベース認証	210
Shift_JIS	106
Shift_JISじゃないShift_JIS（丸数字が文字化け）	110
Windows-31Jに読み替え	112
sjis	94
SJIS	106

SPA	282, 283
span要素の抽出	158
SSL	71
対応サイトのクロール	73
通信時のエラー	71
バージョン	72
SSL Server Test	77
SSLクライアント認証	199
SSLサーバ証明書	194
暗号化	194
オレオレ証明書	73
検証を行わないようにする	76
StandardCharsets	97
String.getBytes()	96
suuji-converter	159

● T

TagSoup	139
The W3C Markup Validation Service	155
TLS	72
TRACEメソッド	30
Transfer-Encodingヘッダ	56
Try jsoup	143
Twitter Card	169

● U

ujis	94
Unicode	105
UnsupportedCharsetException	109
URI	37, 38
URL	36, 37, 38
URLエンコード	38
半角スペースのエンコード方法の違い	39
URN	37, 38
User-Agentヘッダ	10, 57, 59
指定	22
utf8	94, 113
UTF-8	105
utf8mb4	94, 113
照合順序	115

● V

Varyヘッダ	57

● W

WebDriver ·· 297, 298
 Alert ·· 302
 Byのメソッド ·· 301
 ExpectedConditions ····················· 305, 306
 findElement() ·· 301
 WebDriverWait ····································· 304
 クロール ·· 300
 指定した時間だけウェイト ··········· 303, 304
 セットアップ ·· 298
 ダイアログの操作 ································ 301
 要素の選択 ·· 301
Webサイト調査 ·· 123, 308
Windows-31J ··· 111
Woothee ··· 62
WWW-Authenticateヘッダ ································· 57

● X

X-Forwarded-Protoヘッダ ······························ 58, 59
X-HTTP-Method-Override ···································· 32
XMLHttpRequest ································· 32, 282, 288
XPath ··· 137, 138
X-Robots-Tagヘッダ ··· 245
XSS ·· 103

● あ

アカウントアグリゲーション ························· 190
アクセスキー ·· 219
アンカー ·· 37

● い

インデキシング ·· 97
 インデキシング時の負荷 ·················· 263
 文字コード ·· 101

● え

エスケープ ··· 38, 39
エスケープシーケンス ···································· 107
絵文字 ·· 112, 114, 116
エンコード ··· 38, 39
エンティティヘッダ ·· 56

● か

改行コード ·· 27

拡張HTTPヘッダ ··· 58
環境依存文字 ·· 111

● き

キーストアに証明書を追加 ······························· 75
擬似クラス ·· 141, 142
機種依存文字 ·· 111
キャッシュの有効期限の確認 ························· 264
共通（一般）ヘッダ ··· 56
金額の抽出 ·· 158

● く

クエリ文字列 ·· 37
クッキー ·· 63
 クッキーを引き継ぐ ···························· 64
 フォームベース認証 ·························· 209
グリフウィキ（GlyphWiki） ·························· 119
クローラー ··· 2, 4
 Javaによるシンプルな実装 ················· 12
 開発をサポートするツール ················· 20
 クローラーから見たJavaScript ········· 288
 クローラーとWeb技術 ·························· 6
 サーバサイドでクローラーかどうかを判定
  ··· 62
 作成用ライブラリ・フレームワーク ····· 11, 12
 仕組み ··· 3
 直面する課題 ·· 10
 プロキシを使用 ···································· 70
 守るべきマナー ·································· 236
 守るべきルール ······································ 7
 ユーザーエージェント ························ 59
 リダイレクトの扱い方 ························ 53
クローリング ··· 3, 4
 Ajax用のエンドポイントから直接情報を取得
  ··· 295
 gzip圧縮でレスポンスを高速化 ······· 267
 JavaScriptの動作を再現 ····················· 290
 RSSやAtomからサイトの更新情報を取得
  ··· 258
 Webサイトの更新日時、更新頻度を学習
  ··· 276
 クローラー向けの情報を取得 ··········· 291
 クローリング用のサービスやツール ··· 18
 クロールしてもよいページの制限 ····· 237

コンテンツをキャッシュして通信を減らす
　　　　　　　　　　　　　　　　　 264
サイトマップ 252
削除されたコンテンツの判定 269
どこまでページングをたどるか 246
ブラウザを操作するツールの活用 297
文字コード 84, 98
モバイルサイトから情報を取得 292, 294
リクエスト数、リクエスト間隔の制限 236
クロール 3
　　SSL対応サイト 73
　　国際化されたWebサイト 65
　　認証が必要なWebサイト 192
　　認証が必要なページ 190
　　プロキシ経由 68
クロールしてもよいページの制限 237
　　HTML以外のファイルの場合 245
　　サイト単位の設定 237
　　ページごとの設定 243
クロスサイトスクリプティング（XSS） 103
クロスサイトリクエストフォージェリ（CSRF）
　　　　　　　　　　　　　　　　　 203

● け
ゲートウェイ 49
検証子 266

● こ
構造化マークアップ 171
　　JSON-LD 181
　　Microdata 174, 178
　　Microformats 173
　　RDFa/RDFa Lite 179
　　検索結果表示時の構造化データの利用 183
　　構造化データテストツール 182
互換等価 102

● さ
サイトマップ 252
　　gzip形式 256
　　解析 257
　　テキストファイル 254
サイトマップXML 252, 253
サイトマップインデックスファイル 255

サニタイジング 101, 103
サブドメイン 37
差分更新 263

● し
住所の抽出 160
照合順序 114

● す
スクレイピング 5, 136
　　CSSセレクタ 140
　　HTML以外のデータ 144
　　Webページのメタデータ 163
　　XPath 137
　　構造化マークアップ 171
　　子孫の要素を含めずに検索 149
　　指定した位置の要素を取得 145
　　スクレイピング用のサービスやツール 18
　　正規表現 136
　　属性値での検索 151
　　属性の有無による検索 150
　　テキストノードを正規表現で検索 148
　　テキストノードを文字列で検索 147
スクレイピングしたデータの加工 156
　　alt属性からデータを取得 156
　　金額の抽出 158
　　住所の抽出 160
寿司ビール問題 114
ステータスコード 27, 40
　　エラー時の確認と取得 42
　　種類 40
ステータスライン 20, 27
ステートフルなプロトコル 64
ステートレスなプロトコル 64

● せ
正規化 101
正規表現 136
　　文字コード情報を取得 100
正準等価 102
セッション 64, 65
　　大量生成によるメモリ不足 215
　　フォームベース認証 209
セッションID 64, 65

フォームベース認証 ……………… 210, 212, 214
セッションハイジャック …………………… 194, 213
セマンティックWeb …………………………………… 172

● そ
ソーシャルログイン ………………………………… 221
属性セレクタ ………………………………………… 141
　　　属性値での検索 …………………………… 151
　　　属性の有無による検索 …………………… 150

● つ
通信プロトコル ……………………………………… 26

● て
データの保存 ………………………………………… 6
テキストエンコーディング ………………………… 121
デコード …………………………………………… 38, 39

● と
トップレベルドメイン ……………………………… 37
ドメイン名 …………………………………………… 37

● に
日本語（EUC）……………………………………… 111
認可 ………………………………………………… 228
認証 ………………………………………………… 228
　　　2段階認証 ………………………………… 215
　　　Basic認証 ………………………………… 196
　　　CAPTCHA ……………………………… 216
　　　Digest認証 ………………………………… 196
　　　HTTP認証 …………………………… 195, 196
　　　IPアドレスによる制限 …………………… 198
　　　OAuth ……………………………………… 220
　　　SSLクライアント認証 …………………… 199
　　　Web API …………………………………… 218
　　　アクセスキーによる認証 ………………… 219
　　　フォームベース認証 ……………………… 200

● は
バイナリエディタ …………………………………… 124
半角スペースのエンコード方法の違い ……………… 39
ハンユニフィケーション …………………………… 118

● ひ
否定擬似クラス ……………………………………… 141

● ふ
フォームベース認証 ………………………………… 200
　　　URLにセッションIDを含める ………… 212
　　　クロスサイトリクエストフォージェリ（CSRF）
　　　　……………………………………………… 203
　　　セッション管理の仕組み ………………… 209
　　　セッションハイジャック ………………… 213
　　　プログラム例 ……………………………… 205
フォントの「豆腐（tofu）」………………………… 120
復号 …………………………………………………… 87
符号化 ………………………………………………… 87
符号化文字集合 …………………………………… 86, 88
部分マッチ属性セレクタ（CSS3）………………… 152
　　　言語コードでの検索 ……………………… 154
　　　後方一致検索 ……………………………… 153
　　　前方一致検索 ……………………………… 153
　　　属性値に特定の文字を含まないものを検索
　　　　……………………………………………… 154
　　　部分一致検索 ……………………………… 153
ブラウザ ……………………………………………… 3
　　　開発者向けツール ………………………… 23
　　　ユーザーエージェント …………………… 60
プラグマディレクティブ …………………………… 92
プロキシ ……………………………………………… 49
　　　プロキシ経由でのクロール ……………… 68
　　　プロキシ使用時のHTTP通信の内容 …… 69
プロトコル …………………………………………… 26

● へ
ヘッドレスブラウザ ………………………………… 299

● ほ
ホスト名 ……………………………………………… 37
ホワイトリスト ……………………………………… 104

● ま
マルチバイト文字 …………………………………… 89

● め
メタデータ ………………………………………… 163
　　　metaタグ ………………………………… 164

OGP ································· 166
PageMap ···························· 164
Twitter Card ························ 169
構造化マークアップ ·················· 171

● も

文字 ······································ 86
　数字文字列から数値への変換 ········ 159
文字コード ································ 86
　Charset取得時の問題 ················ 108
　Javaのクラス ························· 97
　Jsoupが判定した文字コードを取得 ····· 98
　MySQLで絵文字で検索できない問題 ···· 114
　MySQLで寿司の絵文字が消える問題 ···· 112
　Shift_JISじゃないShift_JIS（丸数字が文字
　　化け） ···························· 110
　インデキシング ······················ 101
　主なプログラミング言語の対応 ········ 132
　クローリング ····················· 84, 98
　正規表現で取得 ······················ 100
　代表的な文字コード ·················· 105
　適切に扱う ··························· 97
　トラブルシューティングのためのTips ··· 121
　ハンユニフィケーション ·············· 118
　文字化けが起きる箇所 ················· 90
　特定のカラムの照合順序にutf8mb4_binを指定
　　································ 115
文字コードの推定 ························ 125
　ICU4J ······························· 130
　Java以外の言語での実装 ·············· 131
　juniversalchardet ··················· 127
　文字コード判定用バイト列の長さと判定精度
　　································ 131
文字集合 ································· 88
文字化け ······················ 39, 84, 87, 90
　どうして起こるのか ················ 86, 87
　アプリケーション・データベース間 ····· 94
　クライアント・サーバ間 ··············· 91
　テキストファイルの読み書き ··········· 95
文字符号化方式 ······················ 86, 88

● ゆ

ユーザーエージェント ····················· 59
　主なブラウザ ························· 60
　スマートフォン ······················ 294
　独自のユーザーエージェント ··········· 61

● り

リクエスト ··························· 26, 27
　送信 ································· 21
　例 ··································· 20
リクエストヘッダ ···················· 20, 27
　主なリクエストヘッダ ················· 56
　キャッシュの有効性をサーバへ問い合わせる
　　································ 266
　指定・設定 ······················· 22, 58
リクエストボディ ···················· 20, 27
　送信する内容の指定 ··················· 23
リクエストメソッド ······················ 30
リクエストライン ················ 20, 27, 30
リダイレクト ···························· 44
　3xx系のステータス ···················· 51
　リダイレクトの微妙な意味の違い ······· 50

● れ

例外 ···································· 41
　ステータスコードの確認と取得 ········· 42
レスポンス ··························· 26, 27
　例 ··································· 20
レスポンスステータス ···················· 40
　エラーが発生しているのに200が返ってくる
　　································· 43
　ステータスコードに応じて適切な処理をする
　　································· 40
　ページが存在しない場合にリダイレクトされる
　　································· 44
レスポンスヘッダ ···················· 20, 27
　参照 ···························· 58, 266
　主なレスポンスヘッダ ················· 57
レスポンスボディ ···················· 20, 27
　表示 ································· 21

● わ

ワンタイムトークン ····················· 215

■著者紹介

竹添 直樹（たけぞえ なおき）

株式会社ビズリーチ所属。Scalaを愛するプログラマ。業務の傍らOSS活動や書籍などの執筆を行っており、GitBucket、Apache PredictionIO、Scalatraなどのコミッタを務める一方、『Scalaパズル』を翻訳、『Java逆引きレシピ』『Scala逆引きレシピ』『Seasar2徹底入門　SAStruts/S2JDBC対応』などを執筆（いずれも翔泳社刊）。

島本 多可子（しまもと たかこ）

株式会社ビズリーチに勤務中。技術者でいたいと思い現職へ。ここ数年は「Scala」「オープンソース」をキーワードに、Webアプリケーションの開発に携わってきたが、最近はもっぱらApache Spark StreamingとAWS Kinesisのお世話に追われている。オープンソースのGitHubクローン「GitBucket」の開発も行う。『Scalaパズル』を翻訳、『Java 逆引きレシピ』『Scala逆引きレシピ』『現場で使えるJavaライブラリ』を執筆（いずれも翔泳社刊）。

田所 駿佑（たどころ しゅんすけ）

株式会社ビズリーチ所属のScalaエンジニア。求人検索エンジン「スタンバイ」の文字化け求人データ撲滅プロジェクトをきっかけに文字コード、そして絵文字の魅力に開眼。Scala絵文字ライブラリの開発や世界初の国際的絵文字カンファレンスへの参加など、アマチュア絵文字研究家としてWebエンジニアの道を順調に踏み外し、上司や同僚に将来を心配される日々を送っている。

萩野 貴拓（はぎの たかひろ）

株式会社ビズリーチ　AI室所属。求人検索エンジン「スタンバイ」のクローラー運用や検索品質の最適化、データマイニングなどを担当した後、現在は機械学習のシステム基盤構築に従事。オープンソースの機械学習サーバApache PredictionIOのコミッタとして同プロダクトの日本ユーザ会を起ち上げ、国内での普及に取り組んでいる。

川上 桃子（かわかみ ももこ）

株式会社ビズリーチ、スタンバイ事業部で業務委託として勤務中。求人検索エンジン「スタンバイ」のクローリング定義のメンテナンスを行っている。日々様々な求人サイトをクローリングするために奮闘している。

本書特設サイト

購入者特典をダウンロードできます。

http://www.shoeisha.co.jp/book/campaign/crawling

| 装丁・本文デザイン | 轟木 亜紀子（株式会社トップスタジオ） |
| DTP | 株式会社シンクス |

クローリングハック
あらゆるWebサイトをクロールするための実践テクニック

2017年9月14日　初版第1刷発行

著　　　者	竹添直樹 島本多可子 田所駿佑 萩野貴拓 川上桃子
発　行　人	佐々木 幹夫
発　行　所	株式会社 翔泳社（http://www.shoeisha.co.jp）
印刷・製本	株式会社ワコープラネット

©2017 Naoki Takezoe / Takako Shimamoto / Shunsuke Tadokoro / Takahiro Hagino / Momoko Kawakami

●本書は著作権法上の保護を受けています。本書の一部または全部について、株式会社翔泳社から文書による許諾を得ずに、いかなる方法においても無断で複写、複製することは禁じられています。
●本書へのお問い合わせについては、ii ページに記載の内容をお読みください。
●落丁・乱丁本はお取り替えいたします。03-5362-3705までご連絡ください。

ISBN978-4-7981-5051-2　　　　　　　　　　　　　　Printed in Japan